数控车床编程
与加工实训实例

SHUKONG CHECHUANG BIANCHENG
YU JIAGONG SHIXUN SHILI

主　编　牛成娟　马丽霞

副主编　张琴琴　杨　晓

重庆大学出版社

图书在版编目(CIP)数据

数控车床编程与加工实训实例／牛成娟,马丽霞主编
.—重庆:重庆大学出版社,2019.9
ISBN 978-7-5689-0854-2

Ⅰ.①数… Ⅱ.①牛… ②马… Ⅲ.①数控机床—车
床—程序设计—中等专业学校—教材②数控机床—车床—
加工—中等专业学校—教材 Ⅳ.①TG659

中国版本图书馆 CIP 数据核字(2017)第 259675 号

中等职业教育数控专业系列教材
数控车床编程与加工实训实例
主 编 牛成娟 马丽霞
副主编 张琴琴 杨 晓
策划编辑:杨 漫
责任编辑:李定群 版式设计:杨 漫
责任校对:刘志刚 责任印制:赵 晟

*

重庆大学出版社出版发行
出版人:饶帮华
社址:重天市沙坪坝区大学城西路 21 号
邮编:401331
电话:(023) 88617190 88617185(中小学)
传真:(023) 88617186 88617166
网址:http://www.cqup.com.cn
邮箱:fxk@cqup.com.cn(营销中心)
全国新华书店经销
重庆市正前方彩色印刷有限公司印刷

*

开本:787mm×1092mm 1/16 印张:8.75 字数:197 千
2019 年 9 月第 1 版 2019 年 9 月第 1 次印刷
ISBN 978-7-5689-0854-2 定价:26.00 元

编委会

Preface 前言

  本书是关于中等职业学校数控专业的专业课教材。结合现在中职学校教学改革发展的要求，本书以项目为大纲，以任务为目标来设计学习内容。

  本书包括6个项目，17个任务。根据零件的特征，使学生掌握由简到难的编程知识。其任务涉及任务目标、任务描述、编程知识、任务实施、考核评价、知识拓展等模块。通过这些模块来完成学习任务。除此之外，本书还在6个项目之外增加了附录部分，附录包括《数控车工》理论复习题和数控车床实训图集，让学生能够得到更大的提高。

  本书按320学时编写，课时分配可参考下表：

序号	项 目	活动设计	学时
1	数控车床的基本操作	• 学习实训安全知识(含"6S"管理) • 学习机床安全操作规程 • 操作数控车床 • 保养与维护机床	16
2	简单轴类零件的编程与加工	• 学习编程基础知识 • 加工光轴 • 加工阶台轴 • 加工带槽轴 • 加工圆锥零件 • 加工外螺纹零件 • 加工复杂零件	100
3	复杂轴的编程与加工	• 加工圆弧零件 • 加工复杂零件	52
4	螺纹的编程与加工	• 加工螺纹零件 • 加工复杂零件	40

续表

序号	项　目	活动设计	学时
5	孔套类零件的编程与加工	• 加工孔零件 • 加工内圆锥零件 • 加工内螺纹零件 • 加工复杂零件	62
6	典型零件的综合练习	• 加工轴、套类零件 • 加工内螺纹、外螺纹零件	50

　　本书的编排可以实现老师在做中教、学生在做中学,通过本书的学习和训练,学生能够掌握数控车床工艺、编程和操作方面的知识。

　　本书由牛成娟、马丽霞任主编,张琴琴、杨晓任副主编。具体分工为:项目1和附录由张琴琴编写,项目2和项目3(任务3.1)由杨晓编写,项目3(任务3.2至任务3.4)、项目4由马丽霞编写,项目5和项目6由牛成娟编写。

　　由于编者水平有限,书稿中难免存在纰漏,望读者批评指正。

编　者
2019 年 3 月

Contents 目录

项目 1　数控车床的基础操作

【项目导读】

数控车床是目前国内使用量最大、覆盖面最广的一种数控机床,约占数控机床总数的25%。数控机床是集机械、电气、液压、气动、微电子及信息等多项技术为一体的机电一体化产品,是机械制造设备中具有高精度、高效率、高自动化及高柔性化等优点的工作母机。本项目对数控车床的基本操作进行了介绍,可使学生学会对刀、输入程序等基本操作,并对机床的面板等知识有一个初步的认识。

任务 1.1　数控车床的安全使用、维护及保养

【任务目标】

1.掌握安全文明生产和安全操作技术。
2.掌握数控车床操作规程。
3.了解数控车床的维护意义和要求,并掌握各种维护和保养的方法及措施。

【任务描述】

1)文明生产和安全操作技术

(1)文明生产

文明生产遵循的原则基本一致,其使用方法也大致相同。但数控机床自动化程度较高,充分发挥机床的优越性是现代企业管理的一项十分重要的内容。数控加工是一种先进的加工方法,它与通用机床加工相比,在许多方面,特别是在提高生产率、管好、用好、修

好机床等方面显得尤为重要。操作者除了要掌握数控机床的性能、精心操作以外，还必须养成文明生产的良好工作习惯和严谨的工作作风，具有较高的职业素质、责任心和良好的合作精神。

操作时，应做到以下3点：

①严格遵守数控机床的安全操作规程，熟悉数控机床的操作顺序。

②保持数控机床周围的环境整洁。

③操作人员应穿戴好工作服、工作鞋及工作帽。

（2）安全操作技术

①机床启动前的注意事项

a.数控机床启动前，要熟悉数控机床的性能、结构、传动原理、操作顺序及紧急停车方法。

b.检查润滑油和齿轮箱内的油量情况。

c.检查紧固螺钉，不得松动。

d.清扫机床周围环境，机床和控制部分经常保持清洁，不得取下罩盖而开动机床。

e.校正刀具，并使其达到使用要求。

②调整程序时的注意事项

a.使用正确的刀具，严格检查机床原点、刀具参数是否正常。

b.确认运转程序和加工顺序一致。

c.不得承担超出机床加工能力的作业。

d.在机床停机时进行刀具调整，确认刀具在换刀过程中不与其他部位发生碰撞。

e.确认工件的夹具有足够的强度。

f.程序调好后，要再次检查。确认无误后，方可开始加工。

③机床运转中的注意事项

a.机床启动后，在机床自动连续运转前，必须监视其运转状态。

b.确认冷却液输出通畅，流量充足。

c.机床运转时，应关闭防护罩，不得调整刀具和测量工件尺寸，操作者不得将手靠近旋转的刀具和工件。

d.停机时，除去工件或刀具上的切屑。

④加工完毕时的注意事项

a.清扫机床。

b.用防锈油润滑机床。

c.关闭系统，关闭电源。

2）数控车床操作规程

为了正确、合理地使用数控车床,保证机床正常运转,必须制订较完整的数控车床操作规程,通常应做到:

①机床通电后,检查各开关、按钮和键是否正常、灵活,机床有无异常现象。

②检查电压、气压、油压是否正常。有手动润滑的部位,先要进行手动润滑。

③检查各坐标轴手动回零(机床参考点)。若某轴在回零前已在零位,必须先将该轴移动离零点有效距离后,再进行手动回零。

④在进行零件加工时,工作台上不能有工具或任何异物。

⑤机床空运转达 15 min 以上,使机床达到热平衡状态。

⑥程序输入后,应认真核对,确保无误。其中,包括对代码、指令、地址、数值、正负号、小数点及语法的查对。

⑦按工艺规程安装找正夹具。

⑧正确测量和计算工件坐标系,并对所得结果进行验证和验算。

⑨将工件坐标系输入偏置页面,并对坐标、坐标值、正负号、小数点进行认真核对。

⑩未装工件前,空运行一次程序,观察程序能否顺利执行;检查刀具长度的选取与夹具安装是否合理,有无超程现象。

⑪刀具补偿值(刀长、半径)输入偏置页面后,要对刀补号、补偿值、正负号及小数点进行认真核对。

⑫装夹工件,注意卡盘是否妨碍刀具运动。检查零件毛坯和尺寸是否有超长现象。

⑬检查各刀头的安装方向是否符合程序要求。

⑭查看各杆前后部位的形状和尺寸是否符合加工工艺要求,是否碰撞工件与夹具。

⑮确认镗刀头尾部露出刀杆直径部分,必须小于刀尖露出刀杆直径部分。

⑯检查每把刀柄在主轴孔中是否都能拉紧。

⑰无论是首次加工的零件,还是周期性重复加工的零件,首件都必须对照图样工艺、程序和刀具调整卡,进行逐段程序的试切。

⑱单段试切时,快速倍率开关必须打到最低挡。

⑲每把刀在首次使用时,必须先验证它的实际长度与所给刀补值是否相符。

⑳在程序运行中,要重点观察数控系统中的以下显示:

a.坐标显示。可了解目前刀具运动点在机床坐标及工件坐标系中的位置。了解程序段落的位移量,还剩余多少位移量等。

b.工作寄存器和缓冲寄存器显示。可看出正在执行程序段各状态指令和下一个程序段的内容。

c.主程序和子程序。可了解正在执行程序段的具体内容。

㉑试切进刀时,在刀具运行至工件表面 30~50 mm 处,必须在进给保持下,验证 Z 轴剩余坐标值和 X,Y 轴坐标值与图样是否一致。

㉒对一些有试刀要求的刀具,采用"渐近"的方法。例如,镗孔,可先试镗一小段,检测合格后,再镗到整个长度。使用刀具半径补偿功能的刀具数据可由小到大,边试切边修改。

㉓试切和加工中,刃磨刀具和更换刀具后,一定要重新对刀并修改好刀补值和刀补号。

㉔程序检查时,应注意光标所指位置是否合理、准确,并观察刀具与机床运动方向坐标是否正确。

㉕程序修改后,对修改部分一定要仔细计算和认真核对。

㉖手摇进给和手动连续进给操作时,必须检查各种开关所选择的位置是否正确,弄清正负方向,认准按键,然后再进行操作。

㉗整批零件加工完成后,应核对刀具号、刀补值,使程序、偏置页面、调整卡以及工艺中的刀具号、刀补值完全一致。

㉘从刀台上卸下刀具,按调整卡或程序清理编号入库。

㉙卸下夹具,某些夹具应记录其安装位置及方位,作出记录,并存档。

㉚清扫机床。

㉛将各坐标轴停在参考点位置。

3)设备的日常维护

对数控机床进行日常维护、保养的目的是延长其元器件的使用寿命,延长机械部件的更换周期,防止发生意外的恶性事故,使机床始终保持良好的状态,并保持长时间的稳定工作。不同型号的数控机床的日常保养内容和要求不完全一样,机床说明书中已有明确的规定。但总的来说,主要包括以下 10 个方面:

①每天做好各导轨面的清洁润滑,有自动润滑系统的机床要定期检查,清洗自动润滑系统,检查油量,及时添加润滑油,检查油泵是否定时启动打油及停止。

②每天检查主轴自动润滑系统工作是否正常,定期更换主轴箱润滑油。

③注意检查电气柜中冷却风扇是否工作正常,风道过滤网有无堵塞,清洗黏附的尘土。

④注意检查冷却系统,检查液面高度,及时添加油或水。油、水脏时,要更换并清洗。

⑤注意检查主轴驱动皮带,调整松紧程度。

⑥注意检查导轨镶条松紧程度,调节间隙。

⑦注意检查机床液压系统油箱、油泵有无异常噪声,工作幅面高度是否合适,压力表指示是否正常,管路及各接头有无泄漏。

⑧注意检查导轨、机床防护罩是否齐全有效。

⑨注意检查各运动部件的机械精度，减少形状和位置偏差。

⑩每天下班前，做好机床清扫卫生，清扫铁屑，擦净导轨部位的冷却液，防止导轨生锈。

数控机床日常保养见表1-1-1。

表1-1-1 数控机床日常保养表

序号	检查周期	检查部位	检查要求
1	每天	导轨润滑油箱	检查油标、油量，及时添加润滑油，润滑泵能定时启动打油及停止
2	每天	X，Z轴向导轨面	清除切屑及脏物，检查润滑油是否充分，导轨面有无划伤损坏
3	每天	压缩空气气源力	气动控制系统压力应在正常范围内
4	每天	气源自动分水滤气器	及时清理分水器中滤出的水分，保证自动工作正常
5	每天	气液转换器和增压器油面	发现油面不够时，应及时补足油
6	每天	主轴润滑恒温油箱	工作正常，油量充足，并调节温度范围
7	每天	机床液压系统	油箱、液压泵无异常噪声，压力指示正常，管路及各接头无泄漏，工作油面高度正常
8	每天	液压平衡系统	平衡压力指示正常，快速移动时平衡阀工作正常
9	每天	CNC的输入/输出单元	光电阅读机清洁，机械结构润滑良好
10	每天	各种电气柜散热通风装置	各电柜冷却风扇工作正常，风道过滤网无堵塞
11	每天	各种防护装置	导轨、机床防护罩等应无松动、漏水
12	每半年	滚珠丝杠	清洗丝杠上旧的润滑脂，涂上新油脂
13	每半年	液压油路	清洗溢流阀、减压阀、滤油器，清洗油箱底部，更换或过滤液压油
14	每半年	主轴润滑恒温油箱	清洗过滤器，更换润滑脂
15	每年	检查并更换直流伺服电动机碳刷	检查换向器表面，吹净碳粉，去除毛刺，更换长度过短的电刷，并应跑合后才使用

任务 1.2　数控车床面板的认识及操作

【任务目标】

1.正确完成数控车床的基本操作。

2.会数控车床手动、手摇、回零、MDI、编辑、自动等方式的选择和操作。

【任务描述】

对给定的加工程序进行模拟和校验,见表 1-2-1。

表 1-2-1　加工程序

O0001;	N130　X40;
N10　G40　G97　G99　M03　S500;	N140　G01　G40　Z-40;
N20　T0101;	N150　G00　X100　Z100;
N30　G00　X52　Z2;	N160　M05;
N40　G71　U2　R0.5;	N170　M00;
N50　G71　P60　Q140　U0.3　W0　F0.2;	N180　G40　G97　G99　M03　S1500;
N60　G00　G42　X0;	N190　T0101;
N70　G01　Z0;	N200　G00　X52　Z2;
N80　X10;	N210　G70　P60　Q140　F0.08;
N90　Z-10;	N220　G00　X100　Z100;
N100　X20;	N230　M05;
N110　Z-20;	N240　M30;
N120　X30　Z-30;	

【编程知识】

1）机床开机

①进行开机前各项检查,确定无问题后,打开数控车床总电源。

②按机床界面上的系统启动按钮,启动系统。

③检查控制面板上的各项指示灯是否正常,屏幕显示是否正常,各按钮开关是否处于正常位置,是否有报警显示。如有报警,需立即检查,排除故障。

2)机床面板

机床面板由 CRT 显示器、系统操作面板和机床操作面板组成。

现以华中数控 HNC-21T3 车床面板为例进行学习,如图 1-2-1 所示。

图 1-2-1　华中数控 HNC-21T3 车床面板

(1)液晶显示屏

液晶显示屏如图 1-2-2 所示。

(2)机床控制面板(见图 1-2-3)

在选定的工作方式下,可以进行相应的操作,从而控制机床动作。

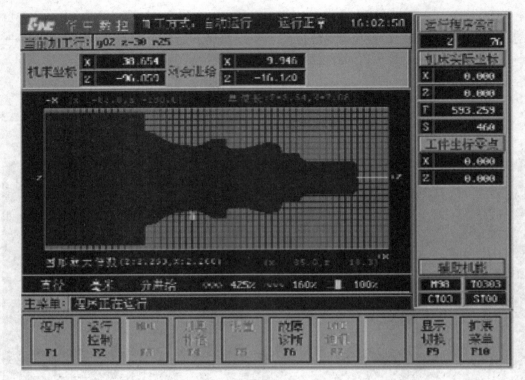

图 1-2-2　液晶显示屏

图 1-2-3　机床控制面板

（3）数据输入键盘

数据输入键盘如图 1-2-4 所示。

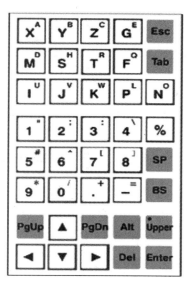

图1-2-4 数据输入键盘

3）主要各按键功能及用途介绍

主要各按键功能及用途介绍见表1-2-2。

表1-2-2 主要各按键功能及用途介绍

按键名称	功能及用途
自动 自动运行循环启动按键	在自动方式时，在系统主菜单下按"F1"键，进入自动加工子菜单。再按"F1"键选择要运行的程序，然后按一下循环启动按键，指示灯亮，自动加工开始
单段 单程序段执行方式键	在自动运行方式下，按此键进入单程序段执行方式。这时，按一下"循环启动"键只运行一个程序段
手动 手动连续进给方式键	在手动方式下，通过机床操作键可进行手动换刀、移动机床各轴、手动松紧卡爪、伸缩尾座、主轴正反转、冷却开停、润滑开停等操作
增量 增量/手摇脉冲发生器进给方式键	按此键进入增量/手轮进给方式。在增量方式下，按一下相应的坐标轴移动键或手轮摇一个刻度时，坐标轴将按设定好的增量值移动一个增量值

续表

按键名称	功能及用途
回零 考点 "回参考点"操作方式键	按此键进入手动返回机床参考点方式
空 运行 空运行方式键	用于程序的快速空运行,此时程序中的 F 代码无效。按下一次,指示灯亮,说明此状态选中,再按一次,指示灯熄灭
×1 ×10 ×100 ×1000 增量倍率值选择键	增量方式下的倍率修调,基本单位是脉冲当量,即 0.001 mm。如按下"×100"按键,指示灯亮,其速度为 100×0.001 mm = 0.1,也就是每按一次 X(Z)方向按键,其相应移动 0.1 mm 的距离
超程 解除 超程解除键	当坐标运行超程时,按下此键并同时按下超程方向的反方向按键(如+X 方向超程,按下−X 方向按键),可解除超程
机 床 锁 住 机床锁住键	在自动运行开始前,按下"机床锁住"键,进入机床锁住状态。在机床锁住状态运行程序时,显示屏上的坐标值发生变化,但坐标轴处于锁住状态,因此不会移动。此功能用于校验程序的正确性。每次执行此功能后须再次进行回参考点操作
冷 却 开/停 冷却开停键	按此键可控制冷却液的开关
刀 位 转 换 刀位转换键	在手动方式下,按刀位选择按键选择刀位。按此键可使刀架转一个刀位
主 轴 点 动 主轴正、负点动键	按下此键,主轴正方向/负方向连续转动,松开此键,主轴即减速停止
卡 盘 松/紧 卡盘松紧键	按此键可控制卡盘的夹紧与松开

续表

按键名称	功能及用途
主轴正/反转键	当 MDI 方式已经初始化主轴转速时,在手动方式下,按下按键,主轴将按给定的速度正/反转
主轴停止键	按此键可使旋转的主轴停止转动
主轴修调键	在自动方式或 MDI 方式下,按"主轴修调"键可调整程序中指定的主轴速度,按下"100%"键主轴修调倍率被置为 100%,按一下"+"键主轴修调倍率递增5%,按一下"－"键主轴修调倍率递减5%。在手动方式时这些按键可调节手动时的主轴速度。机械齿轮换挡时主轴速度不能修调
快速修调键	在自动方式或 MDI 方式下,按"快速修调"键可调整 G00 快速移动时的速度,按"100%"键快速修调倍率被置为 100%,按一下"+"键快速修调倍率递增5%,按一下"－"键快速修调倍率递减5%。在手动连续进给方式下,这些按键可调节手动快移速度
进给修调键	在自动方式或 MDI 方式下,按"进给修调"键可调整程序中给定的进给速度,按"100%"键进给修调倍率被置为 100%,按一下"+"键进给修调倍率递增5%,按一下"－"键进给修调倍率递减5%。在手动进给方式下,这些按键可调节手动进给速度
X/Z 轴手动按键	在手动方式下,同时按下"－Z"和"快进"键或同时按下"+Z"和"快进"键,可分别使刀架沿 Z 轴负方向或正方向快速移动,其移动速度由"快速修调"按键控制。X 轴同 Z 轴情况一致,"+C"和"－C"只在车削中心上有效
SP 空格键	按此键光标向后移并空一格

续表

按键名称	功能及用途
BS 删除键	按此键光标向前移并删除前面字符
PgUp **PgDn** 翻页键	向后翻页与向前翻页
Upper 上档键	按下此键后,上档功能有效,这时可输入"字母"键与"数字"键右上角的小字符
Del 删除键	按此键可删除当前字符
Enter 回车键	按此键可确认当前操作
光标键	按这4个键可使光标上、下、左、右移动
急停按钮	紧急情况下,按此按钮后数控系统进入急停状态,控制柜内的进给驱动电源被切断。此时,机床的伺服进给及主轴运转停止工作。要想解除急停状态,可顺时针方向旋转按钮,按钮会自动跳起,数控系统进入复位状态,解除急停状态后,需要进行回零操作。在启动和退出系统之前,应按下"急停"按钮,以减小电流对系统的冲击
字母键、数字键、符号键	按这些键可输入字母、数字以及其他字符,其中一些字符需要配合 Upper 键才能输入

【任务实施】

①开机后,执行机床日常维护,检查面板上各开关位置及指示灯状态,观察系统显示器显示的机床状态。

②执行回零操作。回零前,先在手动方式下将工作台移动到适当位置。回零通常先回 X 方向,再回 Z 方向。回零时,注意观察工作台相对尾座的位置,并观察回零指示灯状态。

③在 MDI 方式下,尝试主轴正转、反转、换刀等动作。

④手动方式下,分别按+X,−Z,+Z,−Z 4 个方向键和快速按钮移动工作台。按主轴正转、主轴停、主轴反转、换刀等按钮,在移动刀架或主轴正转时,尝试改变进给倍率、主轴倍率和快速倍率,并观察机床实际状态和显示器上显示的相关信息。

⑤在手摇轮方式下,分别顺时针和逆时针旋转手动脉冲发生器,尝试改变手摇轮倍率,观察刀架移动速度和显示器显示的相关信息。

⑥在编辑方式下,新建加工程序 O0001,并输入程序内容(见【任务描述】)。

⑦在自动方式下,开启"机床锁住""辅助功能锁住"和"空运行"功能,显示器切换到图形模拟画面,运行程序,观察模拟轨迹。

⑧模拟完成后,解除"机床锁住""辅助功能锁住"和"空运行"功能。

⑨选择回零模式,进行回零操作。

⑩对机床进行日常保养后,关闭机床。

【考核评价】

①学生完成任务后,绘出零件图形(示意图,不必标尺寸)。

②教师对学生【任务实施】过程进行监控,并随时解决练习中出现的问题。

③对学生关于机床、刀具、夹具等实习过程中感兴趣的问题进行延伸解答。

【知识拓展】

1)数控车床的结构特点

与普通车床相比,数控车床在结构上有了很多改进,主要体现在以下 5 个方面:

(1)全封闭防护

车床切削时,温度高达 300~400 ℃,加上切屑很锋利,故很容易对操作者造成极大的伤害,掉落在地上的高温切屑也容易嵌到鞋底。数控车床都装有安全防护门,能有效排除切屑伤人等安全隐患。

同时,数控车床加工过程是机床执行程序的过程,几乎不需要人为干预,而且绝大部分操作都通过按钮和旋钮来完成,因此,数控车床可做成全封闭的结构。

全封闭的结构除了有安全保护作用之外,还可将原来的单方向冲淋方式改变成多方位的强力喷淋,从而改善刀具和工件的冷却效果。

（2）排屑方便

绝大部分数控车床配有自动排屑装置,可使排屑更加方便。

（3）**主轴转速高,工件夹紧可靠**

数控车床总体结构刚性好,抗振性好,能使主轴的转速更高,实现高速、强力切削,充分发挥数控车床的优势。

（4）**自动换刀**

数控车床都配有自动换刀刀架来实现自动换刀,以提高生产效率和自动化程度。

（5）**系统协调**

传动链短,数控车床主轴和进给运动分离,并由数控系统协调工作。

2）数控车床的组成

数控车床的组成如图 1-2-5 所示。

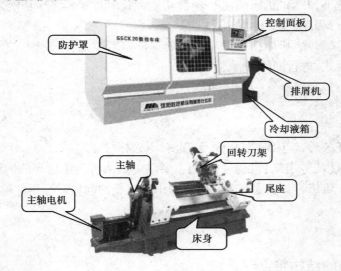

图 1-2-5　数控车床的组成

3）数控车床的分类

（1）按车床主轴位置分类

①立式数控车床

立式数控车床简称数控立床,其车床主轴垂直于水平面,具有一个直径很大的圆形工作台,用来装夹工件,如图 1-2-6 所示。

②卧式数控车床

卧式数控车床可分为数控水平导轨卧式车床和数控倾斜导轨卧式车床。其倾斜导轨结构可使车床具有更大的刚性，并易于排出切屑，如图 1-2-7 所示。

图 1-2-6　立式数控车床

图 1-2-7　卧式数控车床

（2）按加工零件的基本类型分类

①卡盘式数控车床

卡盘式数控车床没有尾座，如图 1-2-8 所示。

图 1-2-8　卡盘式数控车床

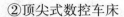
②顶尖式数控车床

顶尖式数控车床配有普通尾座或数控尾座,适合车削较长的零件及直径不太大的盘式类零件。

(3)按刀架数量分类

①单刀式数控车床。

②双刀式数控车床。

(4)按功能分类

按功能分类,可分为经济型数控车床、普通数控车床和车削加工中心等。

任务 1.3　数控车床的对刀操作

【任务目标】

1.能正确安装工件、找正工件。

2.能熟练进行对刀操作。

【任务描述】

以右端面为工件坐标系零点,如图 1-3-1 所示。用试切对刀法完成 1 号刀位上外圆车刀的对刀操作。

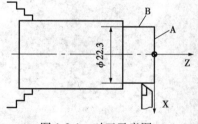

图 1-3-1　对刀示意图

【编程知识】

对刀操作是数控加工中的主要操作和重要技能之一。对刀的准确性决定了零件的加工精度,同时对刀效率还将直接影响数控车削加工效率。

数控车床因数控系统的不同,其对刀方法也不一样,但原理及其目的是相同的,即通过对刀操作来确定随编程而变化的工件坐标系的程序原点在唯一的机床坐标系中的位置。常用的对刀方法有两种:试切对刀法和对刀仪对刀法。下面主要介绍试切对刀法。

1）试切对刀法的操作步骤

华中数控系统在开机及回零操作后的界面如图1-3-2所示。

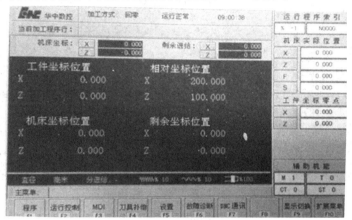

图1-3-2　华中数控开机及回零操作后的界面

在"主菜单"下，按"F4"功能键切换到"刀具补偿"菜单界面，如图1-3-3所示；在"刀具补偿"菜单下，按"F1"功能键，系统切换"刀偏角"编辑界面，如图1-3-4所示。

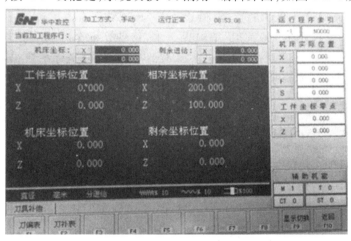

图1-3-3　"刀具补偿"菜单界面

对刀时，一般是设定图1-3-4中的"试切直径"和"试切长度"，即设定X轴和Z轴。

（1）Z轴对刀

①设定工件坐标系的原点位于工件的右端面与回转中心的交点处，用1号刀，如图1-3-1所示。在手动或手轮方式下，车削工件端面A。

②在Z轴不动的情况下，将刀具沿X轴方向退离工件后，按下主轴停止键。

③在如图1-3-4所示的"刀偏角"编辑界面中，移动光标至#0001的"试切长度"处，输入数字"0"，按"Enter"键确认。

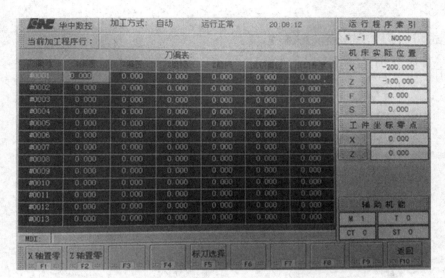

图 1-3-4 "刀偏角"编辑界面

（2）X 轴对刀

①在手动或手轮方式下，车削工件外圆 B，如图 1-3-1 所示。

②在 X 轴不动的情况下，将刀具沿 Z 轴方向退离工件，按下主轴停止键。

③使用千分尺测量外圆 B 的直径（假设外径为 $\phi22.3$ mm）。

④在如图 1-3-4 所示的"刀偏角"编辑界面中，移动光标至#000l 的"试切直径"处，输入数字"22.3"，按"Enter"键确认。1 号刀对刀操作完成，工件坐标系建立完毕。

如果是 2 号刀，只需要把数值输入#0002 相应的位置。其他刀具号对刀操作重复上述步骤即可。

2）"X 磨损"与"Z 磨损"的修改

不论哪一种对刀方法，都存在一定的对刀误差。当试切对刀后，发现工件的尺寸不符合图样要求时，或者当加工零件，刀具因磨损而产生偏差时，只需要根据工件的实测尺寸在如图 1-3-4 所示的"刀偏角"编辑界面中，修改"X 磨损"和"Z 磨损"即可，并不需要修改程序。

例如，如果加工完毕后的外圆尺寸比实际要求的尺寸大 0.2 mm，则在"X 磨损"中输入"−0.2"，然后重新运行程序即可。又如，如果加工完毕发现轴向尺寸比实际要求尺寸长 0.1 mm，则在"Z 磨损"中输入"−0.1"，然后重新运行程序即可。

3）刀尖圆弧半径与刀尖方位的设定

数控程序一般是针对刀具上的某一点，即刀位点，按工件轮廓尺寸编制的。车刀的刀位点一般为理想状态下的，假想刀尖 A 点或刀尖圆弧圆心 O 点。但实际加工中的车刀，由于工艺或其他要求，刀尖往往不是一理想点，而是一段圆弧。当切削加工时，刀具切削点在刀尖圆弧上变动,造成实际切削点与刀位点之间的位置有偏差,故造成过切或少切。这种由于刀尖不是一理想点而是一段圆弧所造成的加工误差,可用刀尖圆弧半径补偿功能来消除。刀尖圆弧半径补偿是通过 G41,G42,G40 代码及 T 代码指定的刀尖圆弧半径补偿号,加入或取消半径补偿。

在数控系统中,如果程序中使用了半径补偿功能(G40,G41,G42),就必须在机床的相应位置对机床参数进行设置。

首先,刀具与坐标系原点的位置关系可分为 9 种,如图 1-3-5 所示。根据图示关系,需要在机床"刀补表"编辑界面的"刀尖方位"一栏进行相应的输入,如图 1-2-6 所示。

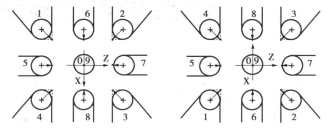

图 1-3-5 "刀尖方位"位置关系图

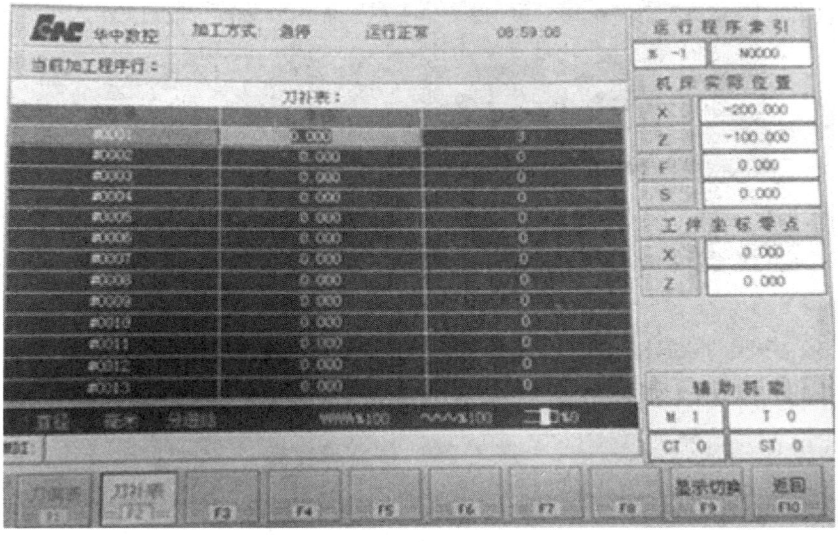

图 1-3-6 "刀补表"编辑界面

例如,外圆车刀装在 1 号刀位上。在用本节介绍的对刀方法对刀时,刀尖和坐标系的关系与 3 号刀位相同,那么就需要在#0001 的"刀尖方位"项输入"3"。

【任务实施】

①将 $\phi25\ \text{mm}\times100\ \text{mm}$ 的棒料安装在三爪自定心卡盘上,夹紧并找正,伸出长度约 40 mm。

②将外圆车刀安装在 1 号刀位上。安装时,注意刀尖要与主轴中心线等高。

③手动车削工件端面,在 Z 轴不动的情况下,将刀具沿 X 轴方向退出工件端面,停主轴,将光标移动到第一行的"试切长度"项,输入"0"(见图 1-3-7),按"Enter"键确认。注意观察"Z 偏置"值的变化。

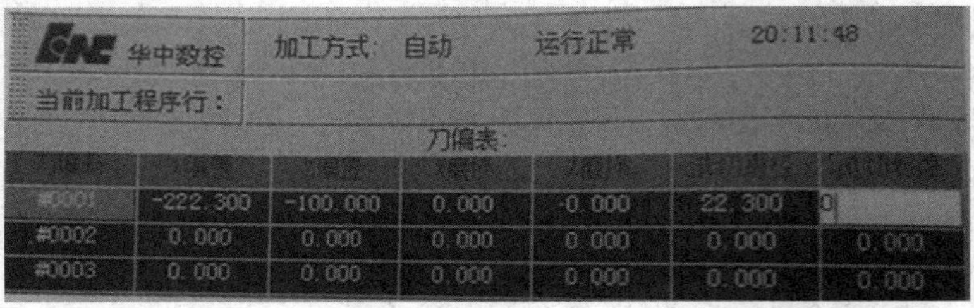

图 1-3-7 "试切长度"界面

④手动车削外圆(车削的背吃刀量不宜太大,外圆车光即可),长约 10 mm。在 X 轴不动的情况下,将刀具沿 Z 轴正向退出工件表面,停止主轴,用千分尺测量已车削的外圆直径(假设测量的直径为 $\phi22.3$ mm,操作时为实际测量的直径值)。

⑤在系统的主菜单界面下,选择"F4"功能键,再选择"F1"功能键,系统切换到"刀偏表"编辑界面。将光标移动到第一行的"试切直径"项,输入"22.3"(操作时,为实际测量的直径值)(见图 1-3-8),按"Enter"键确认。注意观察"X 偏置"值的变化。

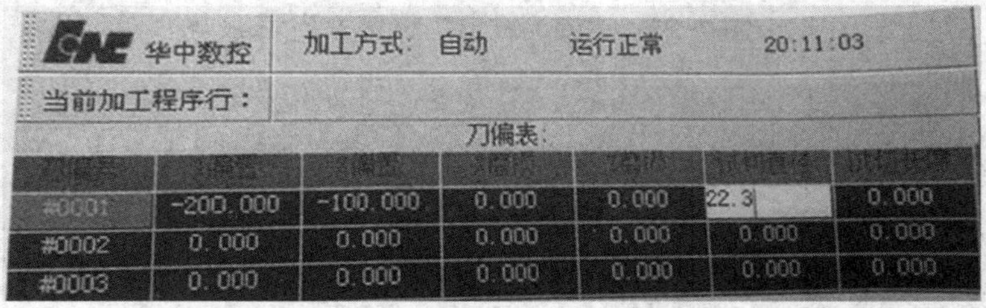

图 1-3-8 "试切直径"界面

⑥按"F10"功能键返回系统主菜单,外圆车刀对刀操作完毕。工件坐标系的原点即建立在零件的右端面的回转中心上。

【考核评价】

根据【任务实施】填写评价表,见表 1-3-1。

表 1-3-1 任务评价表

序号	操作内容	配分	自 评	互 评	师 评
1	工件装夹找正	20			
2	刀具装夹	20			
3	X,Z 轴对刀操作	40			
4	刀偏表数据输入	20			
日期:	学生姓名:		教师签字:		总分:

【知识拓展】

数控加工常用刀具的种类及特点

数控刀具的分类方法有多种。

1）根据刀具结构分类

①整体式。
②镶嵌式，采用焊接或机夹式联接。机夹式又可分为不转位和可转位两种。
③特殊形式，如复合式刀具、减振式刀具等。

2）根据制造刀具所用的材料分类

①高速钢刀具。
②硬质合金刀具。
③金刚石刀具。
④其他材料刀具，如立方氮化硼刀具、陶瓷刀具等。

3）根据切削工艺分类

①车削刀具，分外圆、内孔、螺纹、切割刀具等多种。
②钻削刀具，包括钻头、铰刀、丝锥等。
③镗削刀具。
④铣削刀具等。

为了适应数控机床对刀具耐用、稳定、易调及可换等的要求，近年来机夹式可转位刀具得到了广泛的应用，在数量上达到整个数控刀具的 30%～40%，金属切除量占总数的 80%～90%。

数控刀具与普通机床上所用的刀具相比，有许多不同的要求，主要有以下 6 点：
①刚性好（尤其是粗加工刀具），精度高，抗振，热变形小。
②互换性好，便于快速换刀。
③寿命高，切削性能稳定、可靠。
④刀具的尺寸便于调整，以减少换刀调整时间。
⑤刀具应能可靠地断屑或卷屑，以利于切屑的排出。
⑥系列化、标准化，以利于编程和刀具管理。

项目2 简单轴类零件的编程与加工

【项目导读】

　　轴是穿在轴承中间或车轮中间或齿轮中间的圆柱形物件,但也有少部分是方形的。轴是支承转动零件并与之一起回转以传递运动、扭矩或弯矩的机械零件。一般为金属圆杆状,各段可以有不同的直径。

　　本项目通过对阶梯轴、锥度轴和槽类轴的加工任务的学习和实施,使学生熟悉刀具的几何角度,加工方案的制订,夹具和装夹方式的选择,切削用量的确定,量具的选用,以及零件的测量等方面的知识,并最终掌握轴类零件的加工。

任务 2.1　阶梯轴的加工

【任务目标】

　　1.能正确识读零件图,对其进行工艺分析和技术要求分析。

　　2.掌握装夹刀具、试切对刀设置刀补的技能。

　　3.熟练运用 G00 编程指令编制阶梯轴的加工程序。

　　4.会对简单轴类零件进行加工。

　　5.能正确选用量具对轴类零件进行测量。

【任务描述】

　　已知毛坯直径为 $\phi 30$ mm,加工如图 2-1-1 所示的零件。试分析加工工艺路线,编写程序,并操作数控车床完成零件的加工。

【编程知识】

1)基本指令 G00(快速点定位)

基本指令 G00(快速点定位)见表 2-1-1。

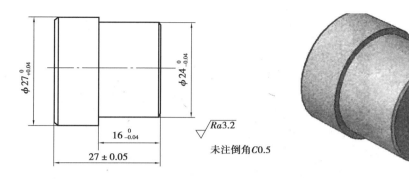

图 2-1-1　实训零件图及三维立体图

表 2-1-1　基本指令 G00（快速点定位）

指令格式	G00　X(U)___　Z(W)___；
指令说明	G00：快速点定位 X,Z：绝对编程时,快速定位终点的坐标（工件坐标系下） U,W：相对编程时,目标点相对于当前点的位移量
指令应用	绝对值编程：G00　X40　Z60； 相对值编程：G00　U20　W40；
注意事项	1.G00 为模态指令。模态指令一经指定,一直有效,除非有新的模态指令替代它 2.G00 最大移动速度由机床厂家和数控系统根据机床的刚性指定,一般在编程时无须给出移动速度。移动速度的快慢可通过机床上的按钮或者旋钮进行百分比调节 3.G00 只对目标点有要求,对移动路径和过程没有严格要求

2）基本指令 G01（直线插补）

基本指令 G01（直线插补）见表 2-1-2。

表 2-1-2　基本指令 G01（直线插补）

指令格式	G01　X(U)___　Z(W)___　F___；
指令说明	G01：直线插补 X,Z：绝对编程时,快速定位终点的坐标（工件坐标系下） U,W：相对编程时,目标点相对于当前点的位移量 F：进给速度

续表

指令应用	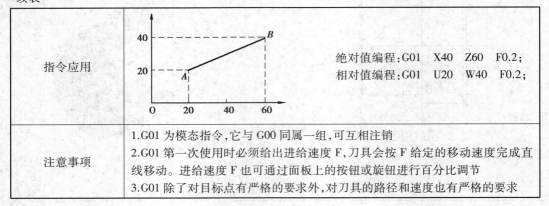	绝对值编程：G01　X40　Z60　F0.2； 相对值编程：G01　U20　W40　F0.2；
注意事项	1.G01 为模态指令，它与 G00 同属一组，可互相注销 2.G01 第一次使用时必须给出进给速度 F，刀具会按 F 给定的移动速度完成直线移动。进给速度 F 也可通过面板上的按钮或旋钮进行百分比调节 3.G01 除了对目标点有严格的要求外，对刀具的路径和速度也有严格的要求	

【任务实施】

1）制订加工方案

①装夹毛坯，伸出卡盘 50 mm 左右，手动车端面并对刀。
②粗车 φ27 mm，φ24 mm 外圆。
③倒角、去毛刺、切断，完成加工。

2）选择刀具、工具、量具

刀具、工具、量具的选择见表 2-1-3。

表 2-1-3　刀具、工具、量具的选择

序　号	名　称	功　能	规　格	数量
1	刀具	外圆车刀　平端面，粗、精加工外圆	93°	1
2		切断刀　切断	刀宽<4 mm 刃长≥15 mm	1
3	量具	外径千分尺　φ24 mm 外圆测量	0~25 mm	1
4		外径千分尺　φ27 mm 外圆测量	25~50 mm	1
5		游标卡尺　长度测量	0~150 mm	1
6	材料	铝　毛坯	φ30×100 mm	1
7	其他辅料	垫片　调整刀具	1~3 mm	若干
8	数控系统		FANUCOi	

3）坐标点的计算

坐标系的选择如图 2-1-2 所示。

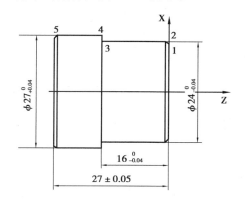

坐标点	坐标值
1	X23　Z0
2	X24　Z-0.5
3	X24　Z-16
4	X27　Z-16
5	X27　Z-27

坐标值

图 2-1-2　坐标系的选择

切断前后分别以工件右端面的回转中心为工件坐标系的原点。

4）编写加工程序

加工程序见表 2-1-4。

表 2-1-4　加工程序

程序内容	程序注释
O0001;	程序号
N10　M03　S500;	主轴正转,转速 500 r/min
N20　T0101;	选择外圆车刀
N30　G00　X32　Z2;	刀具快速定位到起刀点
N40　X27.5;	准备粗车 ϕ27.5 外圆
N50　G01　Z-27　F0.2;	粗车 ϕ27.5 外圆,长度 27 mm
N60　G00　X32;	X 方向退刀
N70　Z2;	Z 方向退刀
N80　X24.5;	准备粗车 ϕ24.5 外圆
N90　G01　Z-16;	粗车 ϕ24.5 外圆,长度 16 mm
N100　G00　X32;	X 方向退刀
N110　Z100;	Z 方向退刀
N120　M05;	主轴停
N130　M00;	程序停止,测量外圆尺寸,通过刀补(或程序)修整尺寸
N140　M03　S1000;	主轴转速升至 1 000 r/min

续表

程序内容	程序注释
N150　G00　X23　Z2;	定位至尺寸 ϕ23 mm
N160　G01　Z0;	定位到右端面
N170　X24　Z-0.5;	倒角
N180　G01　Z-16;	精车 ϕ24 mm 外圆至尺寸要求
N190　X26;	定位至尺寸 ϕ26 mm
N200　X27　Z-16.5;	倒角
N210　Z-27;	精车 ϕ24 mm 外圆至尺寸要求
N220　G00　X100;	X 方向退刀
N230　Z100;	Z 方向退刀
N240　M05;	主轴停
N250　M30;	程序结束并测量
手动切断并手动倒角	

5）注意事项

①机床启动开始切削之前，一定要关闭防护罩。程序正常运行工作中，严禁开启防护罩。

②根据实际加工情况，调整转速倍率/进给倍率和快速移动倍率。

③粗车测量之后，在修正刀补时要考虑零件公差要求。

④在加工时，右手不要离开"进给保持"按钮。必要时，可按"急停"按钮。

【考核评价】

考核评分标准见表 2-1-5。

表 2-1-5　评分标准

序号	项目	质量检查内容		配分	评分标准	自检	互检	师检
1	外圆	$\phi27_{-0.04}^{0}$	IT	15	超差 0.01 扣 5 分			
2			$Ra = 3.2 \mu m$	10	不合格不得分			
3		$\phi24_{-0.04}^{0}$	IT	15	超差 0.01 扣 5 分			
4			$Ra = 3.2 \mu m$	10	不合格不得分			
5	长度	$16_{-0.04}^{0}$		12	超差 0.01 扣 5 分			
6		27 ± 0.05		12	超差 0.01 扣 5 分			

续表

序号	项目	质量检查内容	配分	评分标准	自检	互检	师检
7	倒角	$C0.5$ mm（3 处）	18	错、漏 1 处扣 6 分			
8	端面	$Ra = 3.2\ \mu m$	8	不合格不得分			
	安全文明生产			违章扣分			
日期：		学生姓名：		教师签字：		总分：	

【巩固提高】

已知毛坯尺寸为 $\phi30$ mm×100 mm，材料为铝，加工如图 2-1-3 所示的台阶轴零件。试分析加工工艺路线，编写程序，并操作数控车床完成零件的加工。

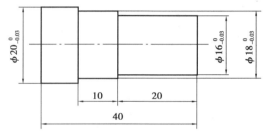

图 2-1-3　零件图及三维立体图

【知识拓展】

游标卡尺的使用方法

游标卡尺是一种测量长度、内外径、深度的量具。游标卡尺由主尺和附在主尺上能滑动的游标两部分构成。按游标的刻度值分类，游标卡尺可分为 0.1，0.05，0.02 mm 3 种。游标卡尺如图 2-1-4 所示。

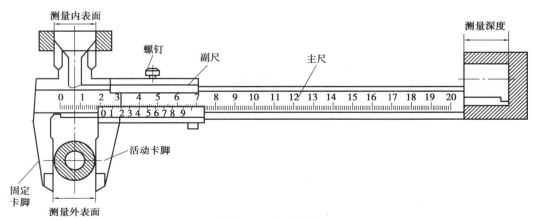

图 2-1-4　游标卡尺

1）游标卡尺的读数方法

以刻度值 0.02 mm 的精密游标卡尺为例,其读数方法可分以下 3 步:

①根据副尺零线以左的主尺上的最近刻度读出整毫米数。

②根据副尺零线以右与主尺上的刻度对准的刻线数乘上 0.02 读出小数。

③将上面整数和小数两部分加起来,即为总尺寸。

如图 2-1-5 所示,副尺零线所对主尺前面的刻度 64 mm,副尺零线后的第 9 条线与主尺的一条刻线对齐。副尺零线后的第 9 条线表示为

$$0.02 \text{ mm} \times 9 = 0.18 \text{ mm}$$

故被测工件的尺寸为

$$64 \text{ mm} + 0.18 \text{ mm} = 64.18 \text{ mm}$$

图 2-1-5   0.02 mm 游标卡尺的读数方法

2）游标卡尺的使用方法

将量爪并拢,查看游标和主尺身的零刻度线是否对齐。如果对齐,则可进行测量;如没有对齐,则要记取零误差。游标的零刻度线在尺身零刻度线右侧的,称为正零误差;在尺身零刻度线左侧的,称为负零误差(这种规定方法与数轴的规定一致,原点以右为正,原点以左为负)。

测量时,右手拿住尺身,大拇指移动游标,左手拿待测外径(或内径)的物体,使待测物位于外测量爪之间,当与量爪紧紧相贴时,即可读数,如图 2-1-6 所示。

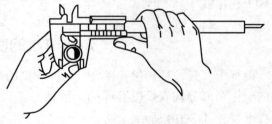

图 2-1-6   游标卡尺的使用方法

3）游标卡尺的应用

游标卡尺作为一种常用量具,可具体应用在以下 4 个方面:

①测量工件宽度。

②测量工件外径。

③测量工件内径。

④测量工件深度。

这 4 个方面的具体测量方法如图 2-1-7 所示。

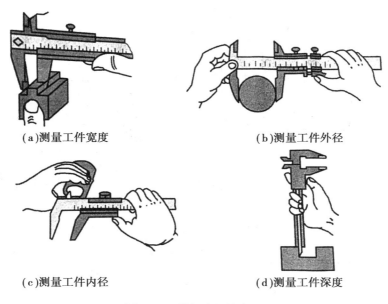

(a)测量工件宽度   (b)测量工件外径

(c)测量工件内径   (d)测量工件深度

图 2-1-7 游标卡尺的应用

任务 2.2 锥度轴的加工

【任务目标】

1.能正确识读零件图,对其进行工艺分析和技术要求分析。

2.掌握装夹刀具、试切对刀设置刀补的技能。

3.熟练运用 G80 编程指令编制阶梯轴的加工程序。

4.会对简单轴类零件进行加工。

5.能正确选用量具对轴类零件进行测量。

【任务描述】

已知毛坯直径为 $\phi50$ mm,加工如图 2-2-1 所示的零件。试分析加工工艺路线,编写程序,并操作数控车床完成零件的加工。

【编程知识】

1)G80 加工圆柱

G80 加工圆柱见表 2-2-1。

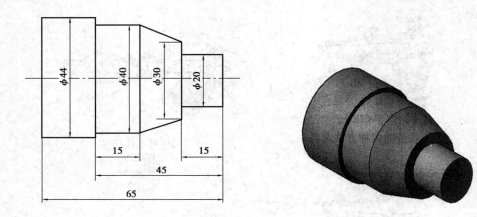

图 2-2-1　零件图及三维立体图

表 2-2-1　G80 加工圆柱

指令格式	G80　X（U）＿　Z（W）＿　F＿;
指令说明	X＿　Z＿:终点坐标（绝对值） U＿　W＿:终点坐标（相对值） F＿:进给量
指令动作	
注意事项	1.快速进刀（相当于 G00） 2.切削进给（相当于 G01） 3.退刀（相当于 G01） 4.快速返回（相当于 G00）

2）G80 加工圆锥

G80 加工圆锥见表 2-2-2。

表 2-2-2 G80 加工圆锥

指令格式	G80 X(U)__ Z(W)__ R__ F__;
指令说明	X__ Z__:终点坐标(绝对值) U__ W__:终点坐标(相对值) R__:圆锥切削起点与终点的半径差值 F__:进给量
指令动作	
注意事项	R 值有正负号,若起点半径值小于终点半径值,R 取负;若起点半径值大于终点半径值,R 取正

【任务实施】

1)制订加工方案

①装夹毛坯,伸出卡盘 80 mm 左右,手动车端面。
②粗车 φ44 外圆、φ40 外圆、圆锥、φ20 外圆。
③精车 φ44 外圆、φ40 外圆、圆锥、φ20 外圆。
④去毛刺、切断,完成零件的加工。

2)选择刀具、工具、量具

刀具、工具、量具的选择见表 2-2-3。

表 2-2-3 刀具、工具、量具的选择

序号	名 称		功 能	规 格	数量
1	刀具	外圆车刀	平端面,粗、精加工外圆	93°	1
2		切断刀	切断	刀宽≤4 mm 刃长≥25 mm	1
3	量具	外径千分尺	φ20 mm 外圆测量	0~25 mm	1
4		外径千分尺	φ40 mm,φ44 mm 外圆测量	25~50 mm	1
5		游标卡尺	长度测量	0~150 mm	1
6		万能角度尺	测量锥度	0°~320°	1

续表

序号	名　称		功　能	规　格	数量
7	材料	铝棒	毛坯	$\phi50\times100$ mm	1
8	其他辅料	垫刀片	调整刀具	$1\sim3$ mm	若干
9	数控系统			FANUCOi	

3）坐标点的计算

坐标点的计算如图 2-2-2 所示。

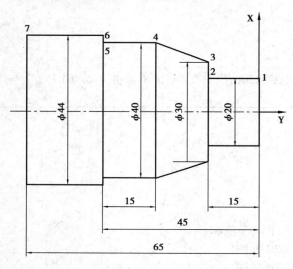

坐标点	坐标值
1	X20　Y0
2	X20　Y−15
3	X30　Y−15
4	X40　Y−30
5	X40　Y−45
6	X44　Y−45
7	X44　Y−65

图 2-2-2　以工件右端面的回转中心为工件坐标系的原点

4）编写加工程序

加工程序见表 2-2-4。

表 2-2-4　加工程序

程序内容	程序注释
O0001；	程序号
N10　G40　G97　G99　M03　S500　T0101　F0.2；	指定粗加工切削条件,如主轴转速、切削进给、切削速度的选择等
N20　G00　X52　Z2；	刀具快速移动到起刀点
N30　G80　X44.3　Z−65；	粗加工 $\phi44$ 外圆至 $\phi44.3$,长度65 mm
N40　X40.5　Z−45；	粗加工 $\phi40$ 外圆至 $\phi40.3$,长度45 mm

程序内容	程序注释
N50　　X35　Z-15;	第一次粗车φ30外圆至φ35,长度15 mm
N60　　X30.5;	第二次粗加工φ30外圆至φ35,长度15 mm
N70　　G00　X42　Z-15;	刀具快速移动到锥加工起点
N80　　G80　X40　R-2.5;	第一次粗加工圆锥
N90　　X40　R-4.5;	第二次粗加工圆锥
N100　　G00　X100　Z100;	刀具远离工件(刀具快速返回换刀点)
N110　　M05;	主轴停转
N120　　M00;	程序停止
N130　　G40　G97　M03　S800　T0101　F0.08;	指定精加工切削条件
N140　　G00　X52　Z2;	指定精加工起刀点
N150　　X20;	
N160　　G01　Z-15;	
N170　　X30;	
N180　　X40　Z-30;	精加工零件
N190　　Z-45;	
N200　　X44;	
N210　　Z-65;	
N220　　G00　X100　Z100;	刀具远离工件
N230　　M05;	主轴停
N240　　M30;	程序结束

5) 注意事项

①在机床启动开始切削之前,一定要关闭防护罩。在程序正常运行工作中,严禁开启防护罩。

②根据实际加工情况调整转速倍率/进给倍率和快速移动倍率。

③粗车测量之后,在修正刀补时要考虑零件公差要求。

④在加工时,右手不要离开"进给保持"按钮。必要时,可按"急停"按钮。

【考核评价】

考核评分标准见表 2-2-5。

表 2-2-5 评分标准

序号	项目	质量检查内容		配分	评分标准	自检	互检	师检
1	外圆	$\phi20$	IT	10	±0.03 mm 得分			
2			$Ra = 3.2\ \mu m$	8	不合格不得分			
3		$\phi40$	IT	10	±0.03 mm 得分			
4			$Ra = 3.2\ \mu m$	8	不合格不得分			
5		$\phi44$	IT	10	±0.03 mm 得分			
6			$Ra = 3.2\ \mu m$	8	不合格不得分			
7	长度	15		15	±0.03 mm 得分			
8		15		15	±0.03 mm 得分			
9		45		8	±0.03 mm 得分			
10		65		8	±0.03 mm 得分			
11	锥角	28°		14	±2′得分			
	安全文明生产				违章扣分			
日期： 学生姓名： 教师签字： 总分：								

【巩固提高】

已知毛坯直径为 $\phi30$ mm，加工如图 2-2-3 所示的圆柱、圆锥台阶轴零件。试分析加工工艺路线，编写程序，并操作数控车床完成零件的加工。

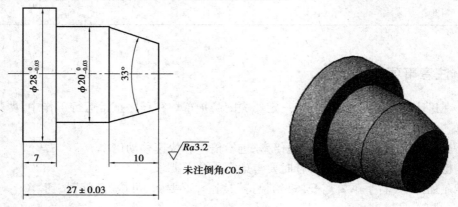

$\sqrt{Ra3.2}$

未注倒角 $C0.5$

图 2-2-3 零件图及三维立体图

【知识拓展】

1) 圆锥的锥度

圆锥的锥度是指圆锥的底面直径与锥体高度之比。如果是圆台,则为上下两底圆的直径差与锥台高度之比值,即

$$C = \frac{D - d}{L}$$

①莫氏锥度主要用于车床和钻床。莫氏锥度有 0,1,2,3,4,5,6 共 7 个号。锥度值有一定的变化,每一型号公称直径大小分别为 9.045,12.065,17.78,23.825,31.267,44.399,63.348。它主要用于各种刀具(如钻头、铣刀)、各种刀杆及机床主轴孔的锥度。

②米氏锥度有 6 个号码,即 80,100,120,140,160,200。其号码是指大端的直径。

莫氏与米氏锥度表见表 2-2-6。

表 2-2-6　莫氏与米氏锥度表

圆锥符号		D	D_1	e	r	R	l_3	l_4	d_3
莫氏	0	9.045	9.212	6.115	5.9	56.3	59.5	3.2	3.9
	1	12.065	12.240	8.972	8.7	62.0	65.5	3.5	5.2
	2	17.780	17.980	14.059	13.6	74.5	78.5	4.0	6.3
	3	23.825	24.051	19.131	18.6	93.5	98.0	4.5	7.9
	4	31.267	31.542	25.154	24.6	117.7	123.0	5.3	11.9
	5	44.399	44.731	36.547	35.7	149.2	155.5	6.3	15.9
	6	63.348	63.730	52.419	51.3	209.6	217.5	7.9	19.0
米氏	80	80	80.4	69	67	22	228	8	26
	100	100	100.5	87	85	26	270	10	32
	120	120	120.6	105	103	300	312	12	38
	(140)	140	140.7	123	121	340	354	14	44
	160	160	160.8	141	139	380	396	16	50
	200	200	201.0	177	175	460	480	20	62

注:1.括号内的尺寸尽量不要采用。

　　2.D_1,l_3 尺寸供参考。

2) 圆锥加工的走刀路线

加工如图 2-2-4 所示的圆锥面,一般可采用以下 3 种走刀路线进行车削加工:

(1) 走刀路线一

按 1→2→3→4→5,如图 2-2-5 所示。此法适用于车削大小两端直径之差较小的圆锥面。每次循环的刀具轨迹是一个直角三角形。因此,此刀具切削运动的路线较短。

（2）走刀路线二

阶梯车锥法的切削路线是先进行粗加工,再进行精加工,如图 2-2-6 所示。粗加工时,刀具背吃刀量相同,要计算刀点的位置;精车时,背吃刀量不同。因此,此刀具切削运动的路线最短。

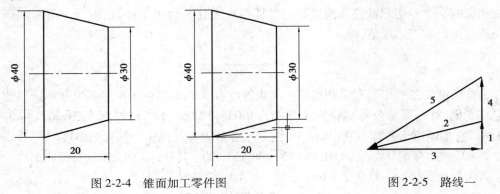

<table>
<tr><td>图 2-2-4　锥面加工零件图</td><td>图 2-2-5　路线一</td></tr>
</table>

（3）走刀路线三

车锥路线按平行车锥法进行(见图 2-2-7),即与锥体素线平行的循环车削。这种循环车锥的方法适用车削大小两端直径之差较大的圆锥。循环的刀具轨迹也是一个直角三角形,按此种走刀路线加工,其刀具切削运动的路线较长。

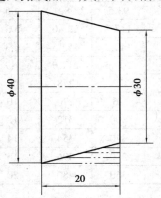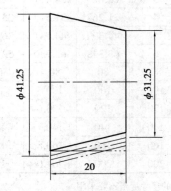

图 2-2-6　路线二:阶梯车锥法　　　　　图 2-2-7　路线三:平行车锥法

3）外径千分尺

外径千分尺简称千分尺,是比游标卡尺更精密的长度测量仪器。常见的外径千分尺如图2-2-8所示。它的量程为 0~25 mm,分度值为 0.01 mm。

（1）测量原理

根据螺旋运动原理,当微分筒(又称可动刻度筒)旋转一周时,测微螺杆前进或后退一个螺距——0.5 mm。这样,当微分筒旋转一个分度后,它转过了 1/50 周,这时螺杆沿轴

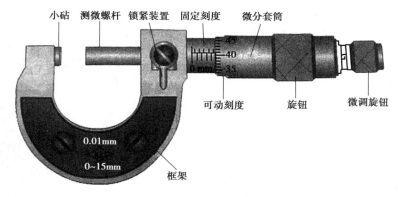

图 2-2-8 外径千分尺结构

线移动了 1/50×0.5 mm＝0.01 mm。因此,使用千分尺可准确读出 0.01 mm 的数值。

（2）读数方法

先以微分套筒的基准线为基准,读取左边固定套筒刻度值;再以固定套筒为基准线,读取微分套筒刻度线上与基准线对齐的刻度,即为微分套筒刻度值。将固定套筒刻度值与微分套筒刻度值相加,即为测量值。

任务 2.3　槽类轴的加工

【任务目标】

1. 能正确识读零件图,对其进行工艺分析和技术要求分析。
2. 掌握装夹刀具、试切对刀设置刀补的技能。
3. 熟练运用 G94,G75 编程指令编制阶梯轴的加工程序。
4. 会对简单轴类零件进行加工。
5. 能正确选用量具对轴类零件进行测量。

【任务描述】

已知毛坯直径为 ϕ50 mm,加工如图 2-3-1 所示的零件。试分析加工工艺路线,编写程序,并操作数控车床完成零件的加工。

【编程知识】

1）基本指令 G94

基本指令 G94 见表 2-3-1。

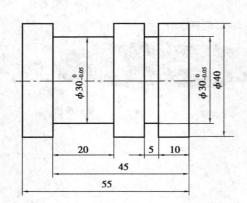 

图 2-3-1　零件图及三维立体图

表 2-3-1　基本指令 G94

指令格式	圆柱:G94　X(U)__　Z(W)__　F__; 圆锥:G94　X(U)__　Z(W)__　R__　F__;	
指令说明	X__　Z__:终点绝对坐标 U__　W__:终点相对坐标 R:Z 方向的锥度长度 F__:进给量	
指令动作	(a)	(b)

2)基本指令 G75

基本指令 G75 见表 2-3-2。

表 2-3-2　基本指令 G75

指令格式	G75　R(e)； G75　X(U)__　Z(W)__　P(Δi)　Q(ΔK)　R(Δd)　F__；
指令说明	e:退刀量 X:C 点的 X 坐标值 U:由 A 点至 C 点的增量坐标值 Z:B 点的 Z 坐标值 W:由 A 点至 B 点的增量坐标值 Δi:X 轴方向移动量,无正负号 Δk:Z 轴方向移动量,无正负号 Δd:在切削底部刀具退回量 F:进给速度
指令动作	
注意事项	1.如果使用的刀具为切槽刀,应具有两个刀尖,设定左刀尖为刀位点。在编程之前,先设定刀具的循环起点 A 和目标点 D 2.如果工件槽宽大于切槽刀的刃宽,要考虑刀刃轨迹的重叠量,使刀具在 Z 轴方向位移量 Δk 小于切槽刀的刃宽。切槽刀的刃宽与刀尖位移量 Δk 之差,即为刀刃轨迹的重叠量

【任务实施】

1)制订加工方案

①装夹毛坯,伸出卡盘 60 mm 左右,手动车端面。
②粗、精车 $\phi40$ mm 外圆,保证 55 mm 的长度。
③粗、精加工槽。
④去毛刺、切断,完成零件加工。

2)选择刀具、工具、量具

刀具、工具、量具的选择见表 2-3-3。

表 2-3-3 刀具、工具、量具的选择

序号	名 称		功 能	规 格	数量
1	刀具	外圆车刀	粗、精加工外圆	90	1
2		切断刀	粗、精加工槽,切断	刀宽＝5 mm 长≥25 mm	1
3	量具	外径千分尺	测量 $\phi40,\phi30$ 外圆	25～50 mm	1
4		游标卡尺	测量长度	0～150 mm	1
5	材料	铝	毛坯	$\phi50\times100$	1
6	其他辅具	垫刀片	调整刀高	1～3 mm	若干
7	数控系统		FANUCOi		

3）坐标点的计算

坐标计算见表 2-3-4,工件坐标系的选择如图 2-3-2 所示。

表 2-3-4 坐标计算

坐标点	坐标值
1	X40 Z0
2	X30 Z－10
3	X30 Z－15
4	X30 Z－25
5	X30 Z－45
6	X40 Z－55

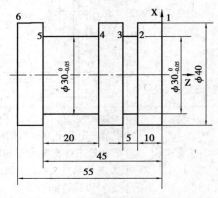

图 2-3-2 工件坐标系

4）编写加工程序

加工程序见表 2-3-5。

表 2-3-5 加工程序

程序内容	程序注释
O0001;	程序号
G40 G97 G99 M03 S500 T0101 F0.2;	指定外圆车刀粗加工切削条件
G00 X52 Z2;	指定起刀点

续表

程序内容	程序注释
G90　X45　Z−55；	选择切削指令
X40.3；	
G00　X100　Z100；	刀具快速到达换刀点
M05；	主轴停
M00；	程序停止
G40　G97　G99　M03　S1000　T0101　F0.08；	指定精加工切削条件
G00　X52　Z2；	指定起刀点
G90　X40　Z−55；	选择精加工切削指令
G00　X100　Z100；	刀具快速到达换刀点
M05；	主轴停
M00；	程序停止
G40　G97　G99　M03　S800　T0202　F0.04；	指定槽加工切削条件
G00　X42　Z−15；	指定槽加工起刀点
G01　X30；	切削窄槽
G00　X42；	
Z−30；	指定宽槽起刀点
G94　X30　Z−30；	切削宽槽
Z−34；	
Z−39；	
Z−44；	
Z−45；	
G00　X100　Z100；	刀具快速回到换刀点
M05；	主轴停
M30；	程序结束并测量

5）注意事项

①输入程序，正确模拟进给轨迹。
②装夹工件，伸出部分不能太长，注意夹持部分的长度。
③安装刀具，注意刀高，保持对刀的正确性和准确性。
④按下单段执行键，调整主轴、快速、进给等倍率开关。
⑤自动运行程序，注意观察"检视"窗口上加工余量的变化。

【考核评价】

考核评分标准见表2-3-6。

表2-3-6　评分标准

序号	项目	质量检查内容		配分	评分标准	自检	互检	师检
1	外圆	$\phi40$	IT	20	超差±0.05 mm 不得分			
2			$Ra = 3.2\ \mu m$	5	不合格不得分			
3		$\phi30_{-0.05}^{\ 0}$	IT	20	超差 0.01 扣 3 分			
4			$Ra = 3.2\ \mu m$	5	不合格不得分			
5	长度	10		10	超差±0.05 mm 不得分			
6		5		10	超差±0.05 mm 不得分			
7		20		10	超差±0.05 mm 不得分			
8		45		10	超差±0.05 mm 不得分			
9		55		10	超差±0.05 mm 不得分			
	安全文明生产				违章扣分			
日期：		学生姓名：		教师签字：		总分：		

【巩固提高】

已知毛坯直径为$\phi30$ mm，加工如图2-3-3所示的零件。试分析加工工艺路线，编写程序，并操作数控车床完成零件的加工。

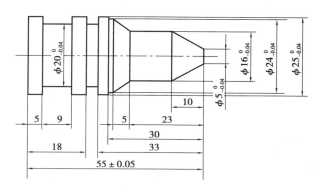

图 2-3-3　零件图及三维立体图

【知识拓展】

切断和车沟槽

①常见沟槽如图 2-3-4 所示。

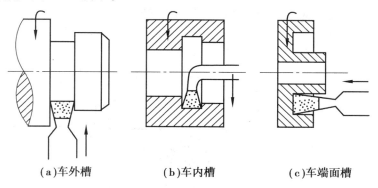

　　(a)车外槽　　　　　　(b)车内槽　　　　　　(c)车端面槽

图 2-3-4　常见各种沟槽

②常见的切断刀如下：

a.高速钢车刀,如图 2-3-5 所示。

b.硬质合金车刀,如图 2-3-6 所示。

c.弹性切断刀,如图 2-3-7 所示。

d.反切刀,如图 2-3-8 所示。

③切断方法如下：

a.直进法切断工件。在垂直工件轴线的方向进行切断,如图 2-3-9(a)所示。

b.左右借刀法切断工件。在切削系统刚性不足的情况下采用,如图 2-3-9(b)所示。

c.反切法切断工件。工件反转,用反切刀切断,如图 2-3-9(c)所示。

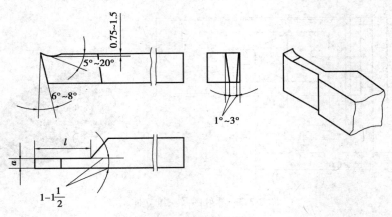

图 2-3-5　高速钢车刀

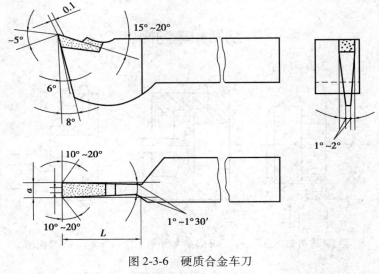

图 2-3-6　硬质合金车刀

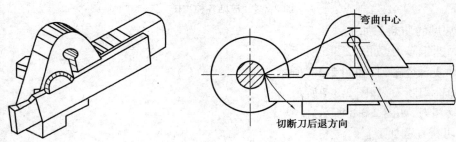

图 2-3-7　弹性切断刀

④切断刀的装夹方法如下：

a.安装时，切断刀不宜伸出过长，同时切断刀的中心线必须与工件中心线垂直，以保证两个副偏角对称。

b.切断实心工件时，切断刀主切削刃的安装必须与工件中心等高，否则不能切到中

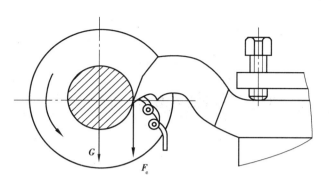

图 2-3-8　反切刀

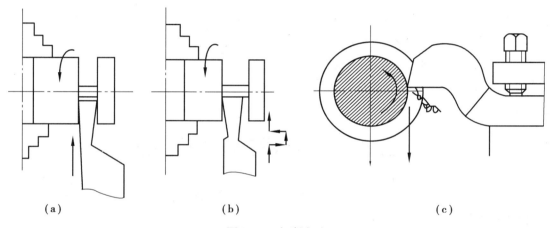

（a）　　　　　　　　（b）　　　　　　　　（c）

图 2-3-9　切断方法

心，而且容易崩刃，甚至折断车刀。

　　c.切断刀的底平面应平整，以保证两副后角对称。

　　⑤外沟槽的车削。沟槽较宽时，可用多次直进法切削，并在槽的两侧留一定的精车余量，然后根据槽深、槽宽精车至尺寸，如图 2-3-10 所示。

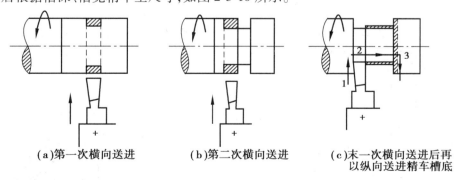

（a）第一次横向送进　　　（b）第二次横向送进　　　（c）末一次横向送进后再以纵向送进精车槽底

图 2-3-10　外沟槽的车削

项目 3　复杂轴的编程与加工

【项目导读】

本项目通过对复杂阶梯轴、双向轴、单调弧面轴及圆球轴的加工任务的学习和实施，使学生熟悉加工方案的制订，夹具和装夹方式的选择，量具的选用，以及零件的测量等方面的知识，并最终掌握轴类零件的加工。

任务 3.1　复杂阶梯轴的加工

【任务目标】

1. 能正确使用 G71 编程编制复杂轴。
2. 根据要求合理选用刀具。
3. 能正确选用基本指令编程。

【任务描述】

已知毛坯直径为 ϕ 50 mm，加工如图 3-1-1 所示的零件。试分析加工工艺路线，编写程序，并操作数控车床完成零件的加工。

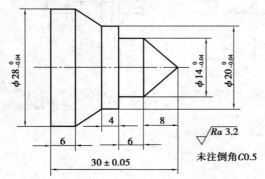

图 3-1-1　零件图及三维立体图

【编程知识】

基本指令 G71 见表 3-1-1。

表 3-1-1　基本指令 G71

指令格式	G71　U(Δd)　R(e)； G71　P(ns)　Q(nf)　U(Δu)　W(Δw)　F(f)；
指令说明	Δd:表示每次切削深度(半径值),无正负号 e:退刀量(半径值),无正负号 ns:精加工路线第一个程序段的顺序号 nf:精加工路线最后一个程序段的顺序号 Δu:X 方向的精加工余量,直径值 Δw:Z 方向的精加工余量 f:进给量
指令动作	
注意事项	1.使用循环指令编程,要确定换刀点 2.在循环指令中有两个地址符,U 前一个表示背吃刀量,后一个表示 X 方向的精加工余量

【任务实施】

1)制订加工方案

①装夹毛坯,伸出卡盘 50 mm 左右,手动车端面。
②粗车各外圆直径和长度。
③精车至尺寸。
④去毛刺、切断,完成零件加工。

2)选择刀具、工具、量具

刀具、工具、量具的选择见表 3-1-2。

表 3-1-2　刀具、工具、量具的选择

序号	名　称		功　能	规　格	数量
1	刀具	外圆车刀	平端面, 粗、精加工外圆	93°	1
2		切断刀	切断	刀宽≤4 mm 长≥15 mm	1
3	量具	外径千分尺	φ14 mm, φ20 mm 外圆测量	0~25 mm	1
4		外径千分尺	φ28 mm 外圆测量	25~50 mm	1
5		游标卡尺	长度测量	0~150 mm	1
6		万能角度尺	测量锥度	0°~320°	1
7	其他辅具	垫刀片	调整刀具	1~3 mm	若干
8	材料	铝棒		φ30×100	1
9	数控系统			FANUCOi	

3）坐标点的计算

坐标点的计算见表 3-1-3 和图 3-1-2 所示。

表 3-1-3　坐标点

坐标点	坐标值
1	X0　Z0
2	X14　Z−8
3	X14　Z−14
4	X20　Z−14
5	X20　Z−18
6	X28　Z−24
7	X28　Z−30

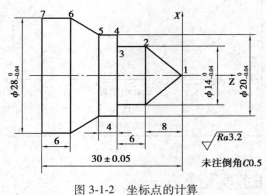

图 3-1-2　坐标点的计算

4）编写加工程序

加工程序见表 3-1-4。

表 3-1-4　加工程序

程序内容	程序注释
O0001;	程序号
G40　G97　G99　M03　S500　T0101　F0.2;	指定粗加工切削条件

续表

程序内容	程序注释
G00　X32　Z2;	指定粗加工起刀点
G71　U2　R0.5;	指定粗加工循环指令
G71　P10　Q11　U0.3　W0;	
N10　G00　G42　X0;	指定精加工循环路线,即粗加工循环主体
G01　Z0;	
X14　Z-8;	
Z-14;	
X20;	
Z-18;	
X28　Z-24;	
G01　Z-30;	
N11　G01　G40　X32;	
G00　X100　Z100;	刀具快速移动到换刀点
M05;	主轴停
M00;	程序暂停
G40　G97　G99　M03　S1000　T0101　F0.08;	指定精加工切削条件
G00　X32　Z2;	指定精加工起刀点
G70　P10　Q11;	选择精加工切削指令
G00　X100　Z100;	刀具快速移动到换刀点
M05;	主轴停
M30;	程序结束

5)注意事项

①按照要求设置好各刀具的刀偏数值。

②调整好各倍率开关,单段执行加工零件。

③注意刀具的换刀点设置,合理选择切削用量。

【考核评价】

考核评分标准见表3-1-5。

表 3-1-5　评分标准

序号	项目	质量检查内容		配分	评分标准	自检	互检	师检
1	外圆	$\phi14_{-0.04}^{0}$	IT	10	超差 0.01 扣 5 分			
2			$Ra = 3.2 \ \mu m$	5	不合格不得分			
3		$\phi28_{-0.04}^{0}$	IT	10	超差 0.01 扣 5 分			
4			$Ra = 3.2 \ \mu m$	5	不合格不得分			
5		$\phi28_{-0.04}^{0}$	IT	10				
6			$Ra = 3.2 \ \mu m$	5				
7	长度	30±0.05		10	超差 0.01 扣 5 分			
8		8		10				
9		6		5				
10		4		5				
11		6		10				
12	倒角	C0.5 mm（1 处）		5	错、漏 1 处扣 5 分			
13	端面	$Ra = 3.2 \ \mu m$		10	不合格不得分			
	安全文明生产				违章扣分			
日期：		学生姓名：			教师签字：		总分：	

【巩固提高】

　　已知毛坯尺寸为 ϕ50 mm×120 mm，加工如图 3-1-3 所示的零件。试分析加工工艺路线，编写程序，并操作数控车床完成零件的加工。

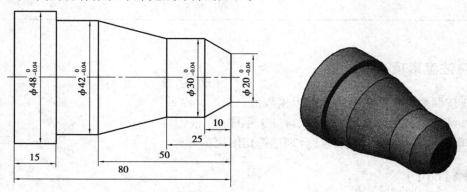

图 3-1-3　零件图及三维立体图

【知识拓展】

1）90°外圆车刀

（1）车刀的几何角度
车刀的几何角度如图 3-1-4 所示。

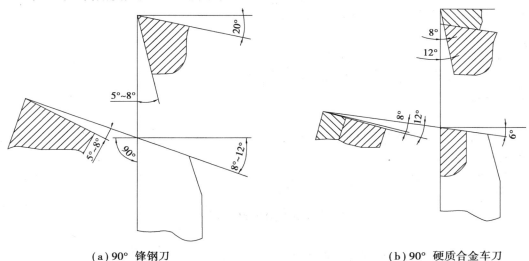

（a）90° 锋钢刀   （b）90° 硬质合金车刀

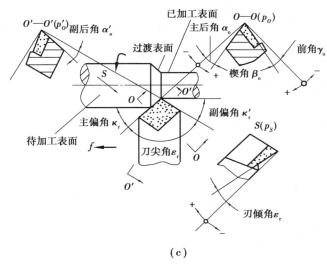

（c）

图 3-1-4 车刀的几何角度

（2）刀具切削部分的几何参数选择
①前角的选择
A.前角的作用
a.加大前角,刀具锋利,减少切屑变形,降低切削力和切削热,但前角过大影响刀具的强度。

b.减小前角可增强刀尖强度,但切屑变形和切削力增大。

c.增大前角可抑制积屑瘤的产生。

B.前角的选择原则

a.加工塑性材料时,前角应取较大值;加工硬度高的材料时,应取较小的前角。

b.工件材料的强度、硬度较低时,应选取较大的前角;反之,应选取较小的前角。

c.刀具材料韧性好时,前角应选大一些(如高速钢车刀);刀具材料韧性差时,前角应选小一些(如硬质合金车刀)。

d.粗加工和断续切削时,应选取较小的前角;精加工时,应选取较大的前角。

e.机床、夹具、工件及刀具系统刚性高时,应选取较大的前角。

②后角的选择

A.后角的作用

a.减小刀具后刀面与工件的切削表面和已加工表面之间的摩擦,提高已加工表面质量和刀具寿命。

b.当刀具前角确定后,后角越大,刃口越锋利,但相应地会减小刀具楔角,从而影响刀具强度和散热面积。

c.小后角的车刀在特定的条件下可抑制切削时的振动。

B.后角的选择原则

a.加工硬度高、机械强度大和脆性材料时,应选较小的后角;加工硬度低、机械强度小和塑性材料时,应选用较大的后角。

b.粗加工应选取较小的后角,精加工应选取较大的后角。采用负前角车刀,后角应选大一些。

c.工件与车刀的刚性差时,应选取较小的后角。

③主偏角的选择

A.主偏角的作用

a.改变主偏角的大小,可改变径向力 F_y 和轴向力 F_x 的大小;主偏角增大时,F_y 减小,F_x 增大,不易产生振动。

b.主偏角的变化会影响切削厚度 a_c 和切削宽度 a_w 的大小。

c.增大主偏角时,厚度增大,切削宽度减小,切屑容易折断;反之,减小主偏角时,切削刃单位长度上的负荷减轻,由于切削刃工件长度增长,刀尖角增大,改善刀具的散热条件,提高刀具的耐用度。

B.主偏角的选择原则

a.工件材料硬时,应选取较小的主偏角。

b.刚性差的工件(如细长轴),应增大主偏角,减小径向切削分力。

c.在机床夹具、工件、刀具系统刚性较好的情况下,主偏角应尽可能选小一些。

d.主偏角应根据工件形状选取,台阶轴主偏角选用90°。中间切入工件时,选取60°。

④副偏角的选择

A.副偏角的作用

a.减小副后刀面与已加工表面的摩擦。

b.改善工件表面粗糙度和刀具散热面积,提高刀具耐用度。

B.副偏角的选择原则

a.机床夹具、工件、刀具系统刚性好,可选较小的副偏角。

b.精加工刀具应选取较小的副偏角。

c.加工高硬度材料或断续切削时,应选取较小的副偏角,以提高刀尖的强度。

d.中间切入工件时,副偏角选取60°。

⑤刃倾角的选择

A.刃倾角的作用

a.当刃倾角为正值时,切屑流向工件待加工表面;当刃倾角为负值时,切屑流向已加工表面;当刃倾角为0°时,切屑基本垂直于主切削刃方向卷曲流出或呈直线状排出。

b.当刃倾角为负值时,刀尖位于主切削刃的最低点。切削时,离刀尖较远的切削刃先接触工件,而后逐渐切入,这样可使刀尖免受冲击,刀尖强固,提高刀具耐用度。可增大实际前角,减小切屑变形,减小切削力。

B.刃倾角的选择原则

a.精加工时,刃倾角应选取正值;粗加工时,刃倾角应选取负值。

b.冲击负荷较大的断续切削,应取较大负值的刃倾角。

c.加工高硬度材料时,应取负值刃倾角,提高刀具强度。

2)万能角度尺

万能角度尺又称角度规、游标角度尺和万能量角器,是利用游标读数原理来直接测量工件角度或进行划线的一种角度量具。

（1）简介

万能角度尺适用于机械加工中的内外角度测量,可测 0°～320°外角及 40°～130°内角。

（2）原理

万能角度尺是用来测量工件内外角度的量具。其结构如图 3-1-5 所示。

万能角度尺的读数机构是根据游标原理制成的。主尺刻线每格为 1°,游标的刻线是取主尺的 29°等分为 30 格,故游标刻线角格为 29°/30,即主尺与游标一格的差值为 2′,也就是说万能角度尺读数准确度为 2′。其读数方法与游标卡尺完全相

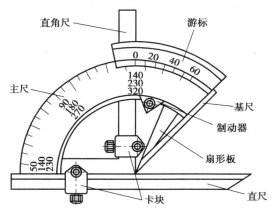

图 3-1-5 万能角度尺结构

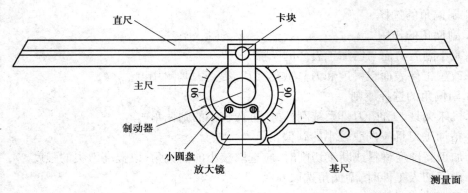

图 3-1-6　万能角度尺

同,如图 3-1-6 所示。

（3）使用方法

测量时,应先校准零位。万能角度尺的零位是当角尺与直尺均装上,而角尺的底边及基尺与直尺无间隙接触,此时主尺与游标的"0"线对准。调整好零位后,通过改变基尺、角尺、直尺的相互位置,可测试 0°～320°的任意角。

应用万能角度尺测量工件时,要根据所测角度适当组合量尺。万能角度尺的结构由尺身、90°角尺、游标、制动器、基尺、直尺、卡块等组成。

万能角度尺的测量范围:游标万能角度尺有Ⅰ型和Ⅱ型两种。其测量范围分别为 0°～320°和 0°～360°。

①测量 0°～50°的角度

将角尺和直尺全装上,产品的被测部位放在基尺和直尺的测量面之间进行测量,如图 3-1-7 所示。

②测量 50°～140°的角度

图 3-1-7　测量 0°～50°的角度

仅装上直尺,使它与扇形板连在一起,工件的被测部位放在基尺和直尺的测量面之间进行测量,如图 3-1-8 所示。

也可以不拆直尺,只把直尺和卡块卸掉,再把角尺拉到下边来,直到角尺短边与长边的交线和基尺的尖棱对齐为止,把工件的被测部位放在基尺和角尺短边的测量面之间进行测量,如图 3-1-9 所示。

③测量 140°～230°的角度

仅装上角尺时,但要把角尺推上去,直到角尺短边与长边的交线和基尺的尖棱对齐为止,把工件的被测部位放在基尺和角尺短边的测量面之间进行测量,如图 3-1-10 所示。

④测量 230°~320°的角度

把角尺和直尺全拆下时,只留下扇形板和主尺,把产品的被测部位放在基尺和扇形板测量面之间进行测量,如图 3-1-11 所示。

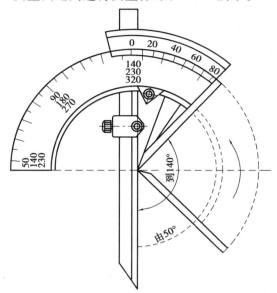

图 3-1-8　测量 50°~140°的角度

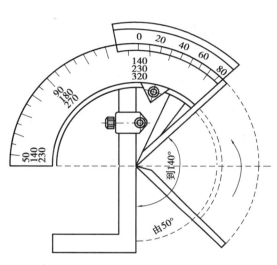

图 3-1-9　测量 50°~140°的角度

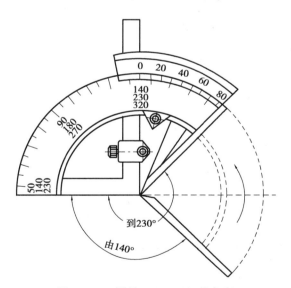

图 3-1-10　测量 140°~230°的角度

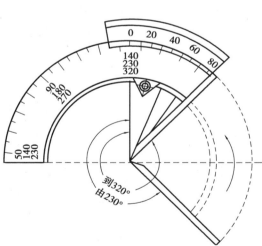

图 3-1-11　测量 230°~320°的角度

任务 3.2　带圆弧零件的编程与加工

【任务目标】

1.能正确编制加工工艺。

2.根据要求合理选用刀具。

3.能正确选用基本指令编程。

【任务描述】

如图 3-2-1 所示为圆柱表面和两段圆弧组成的零件。试编写该零件的精加工程序,并操作数控车床完成零件的加工。

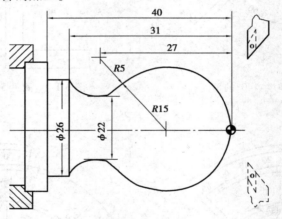

图 3-2-1　零件图

【编程知识】

圆弧进给指令 G02/G03 的格式及说明见表 3-2-1。

表 3-2-1　圆弧进给指令 G02/G03

指令格式	G02　X(U)__　Z(W)__　R__　F__;　　G03　X(U)__　Z(W)__　R__　F__; G02　X(U)__　Z(W)__　I__　K__　F__;　　G03　X(U)__　Z(W)__　I__　K__　F__;
指令说明	G02:顺时针圆弧进给指令 G03:逆时针圆弧进给指令 X__　Z__:圆弧终点坐标(绝对值) U__　W__:圆弧终点相对于圆弧起点的增量值(相对值)

	I__ K__:圆心相对于起点的增加量(等于圆心的坐标减去圆弧起点的坐标,见图(a)),在绝对、增量编程时都是以增量方式指定。在直径、半径编程时,I 都是半径值,I,K 为零时可以省略。 R__:圆弧半径 F__:进给量
图例	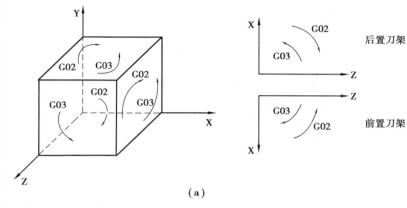 (a) 圆弧的顺、逆方向判断见上图,朝着与圆弧所在平面相垂直的坐标轴的负方向看,顺时针为 G02,逆时针为 G03,图(a)右图分别表示了车床前置刀架和后置刀架对圆弧顺与逆方向的判断 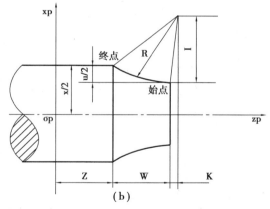 (b) 采用绝对坐标编程,X,Z 为圆弧终点坐标值。采用增量坐标编程,U,W 为圆弧终点相对圆弧起点的坐标增量。R 是圆弧半径,当圆弧所对圆心角为 0°~180°时,R 取正值;当圆心角为 180°~360°时,R 取负值。I,K 为圆心在 X,Z 轴方向上相对圆弧起点的坐标增量(用半径值表示),I,K 为零时可省略
注意事项	同时编入 R 与 I,K 时,R 有效

【任务实施】

1）分析零件图

该零件图加工内容包括两段圆弧、$\phi26$ mm 的外圆。

2）制订加工方案

①装夹毛坯，伸出卡盘 45 mm 左右，手动车端面。
②用 35° 外圆车刀粗车、精车外轮廓至尺寸。
③精加工。
④去毛刺、切断，完成零件加工。

3）选择刀具、工具、量具

刀具、工具、量具的选择见表 3-2-2。

表 3-2-2　刀具、工具、量具的选择

序号	名　　称		功　　能	规　格	数量
1	刀具	外圆车刀	平端面，粗、精加工外圆	35°	1
2	量具	外径千分尺	$\phi26$ mm 外圆测量	25~50 mm	1
3		游标卡尺	长度测量	0~150 mm	1
4	其他辅具	垫刀片	调整刀具	1~3 mm	若干
5	材料	钢料		$\phi40\times50$	1

4）编写加工程序

加工程序见表 3-2-3。

表 3-2-3　加工程序

程序内容	程序注释
O0001	程序号
M03　S1000；	主轴正转，转速 1 000 r/min
T0101；	选择 1 号刀，调用 1 号刀补
G00　X42　Z2；	快速定位到起刀点
G00　X0　Z2；	刀具快速接近工件
G01　G42　Z0　F60；	定位到圆弧起点，建立刀具右补偿

续表

程序内容	程序注释
G03 U24 W−24 R15;	加工 R15 圆弧段
G02 X26 Z−31 R5;	加工 R5 圆弧段
G01 Z−40;	加工 ϕ26 外圆
G01 G40 X40;	退刀,取消刀补
G00 X150 Z150;	刀具快速退回安全点
M30;	程序结束

【考核评价】

考核评分标准见表 3-2-4。

表 3-2-4 评分标准

序号	项目	质量检查内容		配分	评分标准	自检	互检	师检
1	外轮廓	外圆	IT	15	超差 0.01 扣 5 分			
2			$Ra=3.2\ \mu m$	10	不合格不得分			
3		圆弧	IT	15	超差 0.01 扣 5 分			
4			$Ra=3.2\ \mu m$	10	不合格不得分			
5	长度	27		12	超差 0.01 扣 5 分			
6		31		12	超差 0.01 扣 5 分			
7		40		12	超差 0.01 扣 5 分			
8	端面	$Ra=3.2\ \mu m$		14	不合格不得分			
	安全文明生产				违章扣分			
日期:		学生姓名:			教师签字:		总分:	

【巩固提高】

已知毛坯直径为 ϕ40 mm,加工如图 3-2-2 所示的零件。试编写该零件精加工程序,并操作数控车床完成零件的加工。

【知识拓展】

广数 980TD 系统的圆弧进给指令和世纪星 HNC-21/22T 系统刚好相反,其指令格式与之相同。

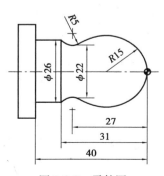

图 3-2-2 零件图

任务 3.3　双向轴的加工

【任务目标】

1.能合理安排加工工艺。
2.根据要求合理选用刀具。
3.合理选择切削用量。

【任务描述】

如图 3-3-1 所示,毛坯尺寸为 $\phi 65$ mm×135 mm,材料为 45 钢。试分析加工工艺路线,编写程序,并操作数控车床完成零件的加工。

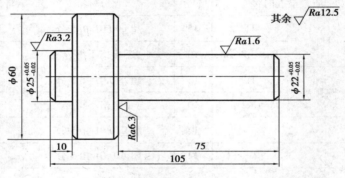

图 3-3-1　零件图

【任务实施】

1)分析零件图

该零件图加工内容包括长 75 mm 的 $\phi 22^{+0.05}_{-0.02}$ mm 外圆,长 10 mm 的 $\phi 25^{+0.05}_{-0.02}$ mm 外圆,长 20 mm 的 $\phi 60$ 外圆。

2)制订加工方案

①装夹毛坯,伸出卡盘 25 mm 左右,平端面。
②钻中心孔。
③一夹一顶装夹毛坯,伸出卡盘 85 mm 左右。
④用 90°外圆车刀粗车、精车右侧外圆至尺寸。

⑤掉头加工,夹 $\phi22^{+0.05}_{-0.02}$ 外圆,保证长度尺寸。

⑥用 90°外圆车刀粗车、精车 $\phi25^{+0.05}_{-0.02}$ 外圆至尺寸。

⑦去毛刺、切断,完成零件加工。

3)选择刀具、工具、量具

刀具、工具、量具的选择见表 3-3-1。

表 3-3-1　刀具、工具、量具的选择

序号	名　　称		功　　能	规　格	数量
1	刀具	外圆车刀	平端面,粗、精加工外圆	90°	1
2	量具	外径千分尺	$\phi22$ mm 外圆测量	0~25 mm	1
		外径千分尺	$\phi25$ mm 外圆测量	25~50 mm	1
		游标卡尺	长度测量	0~150 mm	1
3	其他辅具	垫刀片	调整刀具	1~3 mm	若干
4	材料	钢料		$\phi65×110$	1

4)编写加工程序

加工程序见表 3-3-2。

表 3-3-2　加工程序

程序内容	程序注释
%7081;	程序名
M03　S500;	主轴正转,转速 500 r/min
T0101;	换刀补号为 01 的 01 号刀
G00　X67　Z0;	快速定位到端面附近
G01　X0　F50;	加工端面
G00　X67　Z2;	快速退刀
G80　X62　Z-108　F200;	加工 $\phi60$ mm 外圆
G80　X60　Z-108　F200;	
G71　U3　R2　P200　Q220　X0.5　Z0.5　F200;	粗加工 $\phi22$ mm 外圆
G00　X22;	
G01　Z75;	

续表

程序内容	程序注释
G01　X60；	
G00　X100　Z100；	回到安全位置
M30；	程序结束

ϕ25 mm 外圆的粗加工程序见表3-3-3。

表 3-3-3　ϕ25 mm 外圆的粗加工程序

程序内容	程序注释
%7082；	程序名
M03　S500；	主轴正转,转速 500 r/min
M06　T0101；	换刀补号为 01 的 01 号刀
G00　X65　Z0；	快速定位到端面附近
G01　X0　F50；	加工端面
G00　X63　Z2；	快速退刀定位,作为车外圆的起始点
G71　U3　R2　P200　Q220　X0.8　Z0.8　F200；	加工 ϕ25.8 mm 外圆
G00　X25；	
G01　Z10；	
G01　X60；	
G00　X100　Z50；	回到换刀点
T0100；	清除刀偏
S1200；	调高主轴转速
M06　T0303；	换精车刀
G00　X21　Z1；	快速定位到 ϕ25 mm 外圆附近
G01　X25　Z−1；	倒角 1×45°
Z−10；	精车 ϕ25 mm 外圆
X58；	精车轴肩

程序内容	程序注释
X60 Z−11;	倒角 1×45°
X65;	退刀
G00 X100 Z50;	回到起点
M05;	主轴停
M30;	程序结束

φ22 mm 外圆的精加工程序见表 3-3-4。

表 3-3-4 φ22 mm 外圆的精加工程序

程序内容	程序注释
%7083;	程序名
M03 S800;	主轴正转,转速 800 r/min
T0303;	换刀补号为 03 的 03 号刀
G00 X18 Z1;	快速定位到 φ22 mm 外圆附近
G01 X22 Z−1 F50;	倒角 1×45°
Z−75;	精车 φ22 mm 的外圆
X58;	精车轴肩
X60 Z−76;	倒角 1×45°
Z−95;	精车 φ60 mm 的外圆
X68;	退刀
G00 X100 Z100;	回到起点
M05;	主轴停
M30;	程序结束

5)车削加工

小组分工协作,进行车削加工。

【考核评价】

考核评分标准见表 3-3-5。

表 3-3-5　评分标准

序号	项目	质量检查内容		配分	评分标准	自检	互检	师检
1	外圆	$\phi22^{+0.05}_{-0.02}$	IT	15	超差 0.01 扣 5 分			
2			$Ra = 3.2 \ \mu m$	5	不合格不得分			
3		$\phi25^{+0.05}_{-0.02}$	IT	15	超差 0.01 扣 5 分			
4			$Ra = 3.2 \ \mu m$	5	不合格不得分			
5		$\phi60$	IT	15	超差 0.01 扣 5 分			
6			$Ra = 3.2 \ \mu m$	5	不合格不得分			
7	长度	10		5	超差 0.01 扣 5 分			
8		20		5	超差 0.01 扣 5 分			
9		75		10	超差 0.01 扣 5 分			
10		105		10	超差 0.01 扣 5 分			
11	倒角	$C1$（4 处）		10	错、漏 1 处扣 3 分			
	安全文明生产				违章扣分			
日期：		学生姓名：		教师签字：		总分：		

【巩固提高】

已知毛坯直径为 $\phi50$ mm，加工如图 3-3-2 所示的零件。试分析加工工艺路线，编写程序，并操作数控车床完成零件的加工。

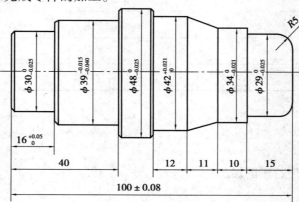

图 3-3-2　零件图

【知识拓展】

倒角加工指令

1）直线后倒直角 G01 指令

格式：

G01　X（U）＿　Z（W）＿　C＿；

该指令用于直线后倒直角。

说明：

X,Z：绝对坐标编程时，为倒角前两直线的交点坐标。

U,W：增量坐标编程时，为倒角前两直线交点相对于起始直线始点的移动距离。

C：两直线交点相对于倒角终点的距离，即倒角的直角边长度。

2）直线后倒圆角 G01 指令

格式：

G01　X（U）＿　Z（W）＿　R＿；

该指令用于直线后倒圆角。

说明：

X,Z：绝对坐标编程时，为倒角前两直线交点的坐标值。

U,W：增量坐标编程时，为倒角前两直线交点相对于起始直线始点的移动距离。

R：倒角圆弧的半径值。

3）圆弧后倒直角 G02（G03）指令

格式：

G02（G03）　X（U）＿　Z（W）＿　R＿　RL＝＿；

该指令用于圆弧后倒直角。

说明：

X,Z：绝对坐标编程时，为倒角前圆弧终点的坐标值。

U,W：增量坐标编程时，为圆弧终点相对于圆弧始点的增量值。

R：圆弧的半径值。

RL＝：倒角终点相对于圆弧终点的距离，即倒角的直角边长度。

4）圆弧后倒圆角 G02（G03）指令

格式：

G02（G03）　X（U）___　Z（W）___　R___　RC＝___;

该指令用于圆弧后倒圆角。

说明：

X,Z:绝对坐标编程时,为倒角前圆弧终点的坐标值。

U,W:增量坐标编程时,为圆弧终点相对于圆弧始点的增量值。

R:圆弧的半径值。

RC＝:倒角圆弧的半径值。

任务 3.4　　圆球轴的加工

【任务目标】

1.会计算点的坐标。

2.根据要求合理选用刀具。

3.掌握 G73 指令编程。

【任务描述】

已知毛坯直径为 $\phi30$ mm,加工如图 3-4-1 所示的零件。试分析加工工艺路线,编写程序,并操作数控车床完成零件的加工。

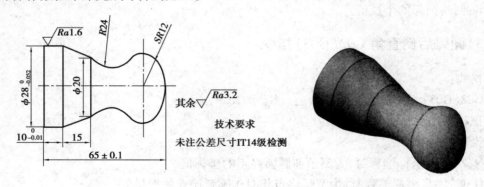

图 3-4-1　零件图及三维立体图

【编程知识】

固定形状粗车循环指令 G73 见表 3-4-1。

该指令适合于轮廓形状与零件轮廓形状基本接近的铸件、锻件毛坯的粗加工。

表 3-4-1　固定形状粗车循环指令 G73

指令格式	G73 U(Δi) W(Δk) R(d) P(ns) Q(nf) U(Δu) W(Δw) F__ S__ T__;
指令说明	Δi:X 方向毛坯切削余量(半径值指定)。正值、模态值,直到下个指定之前均有效。根据程序指令,参数中的值也变化 Δk:Z 方向毛坯切削余量;正值、模态,直到下个指定之前均有效 d:粗切循环的次数。模态值,直到下个指定之前均有效 ns:精加工路径第一程序段的顺序号(行号) nf:精加工路径最后程序段的顺序号(行号) Δu:X 轴方向精加工余量的留量和方向(随直径/半径指定而定) Δw:Z 轴方向精加工余量的留量和方向 F,S,T:粗加工过程中的切削用量及使用刀具
指令运动路线	
注意事项	1.G73 指令只适合于已经初步成形的毛坯粗加工。对于不具备类似成形条件的工件,如果采用 G73 指令编程加工,则反而会增加刀具切削时的空行程,而且不便于计算粗车余量 2.ns 程序段允许有 X,Z 方向的移动 3.G73 指令必须带有 P,Q 地址 ns,nf,且与精加工路径起止顺序号对应,否则不能进行该循环加工。在顺序号为 ns 到顺序号为 nf 的程序段中,不能调用子程序 4.ns 的程序段必须为 G00 或 G01 指令,否则报警 5.在 MDI 方式中不能指令 G73。如果指令了,则报警

【任务实施】

1)分析零件图

该零件图加工内容包括长 10 mm 的 $\phi 28^{\ 0}_{-0.052}$ mm 外圆、圆锥面和两圆弧。

2）制订加工方案

①装夹毛坯，伸出卡盘 80 mm 左右，手动车端面。
②用 35°外圆车刀粗车、精车外圆至尺寸。
③去毛刺、切断，完成零件加工。

3）选择刀具、工具、量具

刀具、工具、量具的选择见表 3-4-2。

表 3-4-2　刀具、工具、量具的选择

序号	名　称		功　能	规　格	数量
1	刀具	外圆车刀	平端面，粗、精加工外圆	35°	1
		切断刀	切断工件	刀宽 4 mm	1
2	量具	外径千分尺	ϕ28 mm 外圆测量	25～50 mm	1
		游标卡尺	长度测量	0～150 mm	1
		半径样板	检测圆弧半径	R12mm，R24 mm	各 1 副
3	其他辅具	垫刀片	调整刀具	1～3 mm	若干
4	材料	铝		ϕ30×120	1

4）坐标点的计算

坐标点的计算见表 3-4-3 和图 3-4-2 所示。

表 3-4-3　坐标点

坐标点	坐标值
1	X0　Z0
2	X20.64　Z−19.43
3	X20　Z−40
4	X28　Z−55
5	X28　Z−65

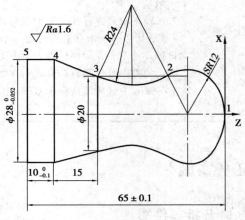

图 3-4-2　工件坐标

5）编写螺纹加工程序

加工程序见表 3-4-4。

表 3-4-4 加工程序

程序内容	程序注释
O001	程序号
M03　S500；	主轴正转，转速 500 r/min
T0101；	选择 1 号刀，调用 1 号刀补
G00　X32　Z3；	快速定位到起刀点
G73　X15　R5　P10　Q20　U0.3　W0.5；	外轮廓粗加工指令
N10　G00　G42　X0；	
G01　Z0；	
G03　X20.64　Z−19.43　R12；	
G02　X20　Z−40　R24；	粗加工外轮廓
G01　X28　Z−55；	
Z−65；	
N20　G01　G40　X32；	
G00　X150　Z150；	刀具快速退回安全点
M05；	主轴停
M00；	暂停
M03　S1200　T0101　F80；	精加工切削用量
G00　X32　Z3；	精加工循环起点
G70　P10　Q20；	轮廓精加工
G00　X150　Z150；	刀具快速退回安全点
M30；	程序结束

6）车削加工

小组分工协作，进行车削加工。

【考核评价】

考核评分标准见表 3-4-5。

表 3-4-5 评分标准

序号	项目	质量检查内容		配分	评分标准	自检	互检	师检
1	外圆	$\phi 28^{~0}_{-0.052}$	IT	10	超差 0.01 扣 5 分			
2			$Ra = 1.6~\mu m$	10	不合格不得分			
3	长度	$10^{~0}_{-0.1}$		10	超差 0.01 扣 5 分			
4		15		10	超差 0.01 扣 5 分			
5		65 ± 0.1		10	超差 0.01 扣 5 分			
6	圆弧	$R12$	IT	10	超差 0.01 扣 5 分			
7			$Ra = 3.2~\mu m$	10	不合格不得分			
8		$R24$	IT	10	超差 0.01 扣 5 分			
9			$Ra = 3.2~\mu m$	10	不合格不得分			
10	端面	1 处		10	不合格不得分			
	安全文明生产				违章扣分			
日期：		学生姓名：		教师签字：		总分：		

【巩固提高】

已知毛坯直径为 $\phi 30$ mm，加工如图 3-4-3 所示的零件。试分析加工工艺路线，编写程序，并操作数控车床完成零件的加工。

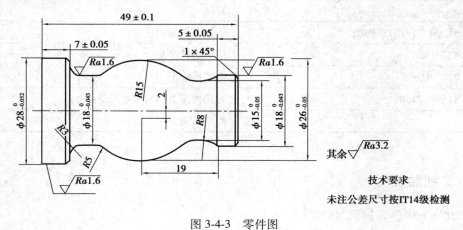

图 3-4-3 零件图

技术要求

未注公差尺寸按IT14级检测

【知识拓展】

1）勾股定理

如果直角三角形两直角边分别为 b,c,斜边为 a,则 $b^2+c^2=a^2$,如图 3-4-4 所示。直角三角形两直角边的平方和等于斜边的平方。

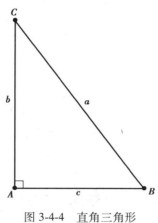

图 3-4-4　直角三角形

2）相似三角形

（1）相似三角形的定义

3 边对应成比例,3 个角对应相等的两个三角形称为相似三角形。

（2）相似三角形的判定

①两角对应相等,两个三角形相似。

②两条边对应成比例且夹角相等,两三角形相似。

③3 边对应成比例,则这两个三角形相似。

3）勾股定理和相似三角形在数控车削中的应用

在数控车削的编程中,可用勾股定理和相似三角形来求解某些坐标点。

项目 4　螺纹的编程与加工

【项目导读】

螺纹是机械上常用的零件,在机器中占有很大的比重。本项目主要学习加工普通内外螺纹零件的方法和测量方面的知识,最终掌握螺纹的加工。

任务 4.1　三角形外螺纹的加工

【任务目标】

1.熟练运用编程指令编制螺纹零件的加工程序。

2.掌握螺纹的加工方法。

3.正确识别形状、位置等公差要求。

【任务描述】

已知毛坯直径为 $\phi40$ mm,加工如图 4-1-1 所示的零件。试分析加工工艺路线,编写程序,并操作数控车床完成零件的加工。

【编程知识】

螺纹切削循环指令 G82 见表 4-1-1。

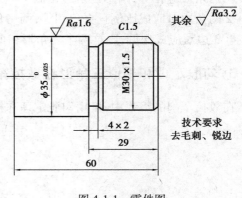

图 4-1-1　零件图

表 4-1-1　螺纹切削循环指令 G82

指令格式	G82　X(U)＿　Z(W)＿　I＿　R＿　E＿　C＿　P＿　F＿ ;
指令说明	X＿　Z＿ :终点坐标(绝对值) U＿　W＿ :终点坐标(相对值),为螺纹终点相对循环起点的增量 R＿　E＿ :无退刀槽时,Z 向和 X 向的螺纹收尾量 I:螺纹切削起点与终点的半径之差(注意是半径差) C:螺纹头数,单头螺纹取 0 或 1,可省略 P:螺纹起点距离主轴基准脉冲点的角度。单头螺纹 P 为 0,可省略 F:螺纹的导程(单头螺纹为螺距)
指令运动路线	A 点——循环起点(X_a, Z_a) X_a=螺纹大径+(2~5) Z_a=距螺纹右端面(2~5) B 点——螺纹切削起点 C 点——螺纹切削终点 D 点——退刀点 走刀的轨迹: G00　X(A)　Z(A);刀具定位到 A 点 G82　X(C)　Z(C)　R(r)　E(e)　F(f); (刀具从 A—B—C—D—A) 如果螺纹终点有退刀槽,则刀具直接从 C 点沿 X 轴方向退出,不用写 R 和 E 参数,走刀轨迹为矩形

【任务实施】

1）分析零件图

该零件图加工内容包括长 25 mm 的 M30×1.5 细牙普通螺纹, 4×2 mm 的螺纹退刀槽, $\phi 35_{-0.025}^{0}$ mm 的外圆, 两个 C1.5 的倒角。

2）制订加工方案

①装夹毛坯, 伸出卡盘 45 mm 左右, 手动车端面。
②用 90°外圆车刀粗车、精车外圆至尺寸。
③用小于 4mm 刀宽槽刀切退刀槽。
④用 60°外螺纹刀车螺纹。
⑤精加工螺纹, 保证螺纹合格。
⑥去毛刺、切断, 完成零件加工。

3）选择刀具、工具、量具

刀具、工具、量具的选择见表 4-1-2。

表 4-1-2　刀具、工具、量具的选择

序号	名　称		功　能	规　格	数量
1	刀具	外圆车刀	平端面,粗、精加工外圆	90°	1
		外螺纹车刀	车削普通外螺纹	60°	1
2	量具	外径千分尺	$\phi 26$ mm 外圆测量	25~50 mm	1
		游标卡尺	长度测量	0~150 mm	1
		环规	检测螺纹	M30×1.5	1
3	其他辅具	垫刀片	调整刀具	1~3 mm	若干
4	材料	钢料		$\phi 40×80$	1

4）编写螺纹加工程序

编写螺纹加工程序, 见表 4-1-3。

表 4-1-3 螺纹加工程序

程序内容	程序注释
O001	程序号
M03 S300;	主轴正转,转速 300 r/min
T0303;	选择 3 号刀,调用 3 号刀补
G00 X32 Z3;	快速定位到起刀点
G82 X29.5 Z-27 F1.5;	螺纹车削加工第一刀
X29.1;	螺纹车削加工第二刀
X28.8;	螺纹车削加工第三刀
X28.5;	螺纹车削加工第四刀
X28.3;	螺纹车削加工第五刀
X28.2;	螺纹车削加工第六刀
X28.1;	螺纹车削加工第七刀
X28.05;	螺纹车削加工第八刀
X28.05;	精修螺纹
G00 X150 Z150;	刀具快速退回安全点
M30;	程序结束

【考核评价】

考核评分标准见表 4-1-4。

表 4-1-4 评分标准

序号	项目	质量检查内容		配分	评分标准	自检	互检	师检
1	外圆	35	IT	15	超差 0.01 扣 5 分			
2			$Ra = 3.2\ \mu m$	10	不合格不得分			
3	长度	10±0.1		10	超差 0.01 扣 5 分			
4		20±0.1		10	超差 0.01 扣 5 分			
5	倒角	C1(两处)		5	错、漏 1 处扣 3 分			
6	螺纹	M30×1.5 通规过,止规不过		50	不合格不得分			
	安全文明生产				违章扣分			
日期:		学生姓名:		教师签字:		总分:		

【巩固提高】

已知毛坯直径为 ϕ50 mm,加工如图 4-1-2 所示的零件。试分析加工工艺路线,编写程序,并操作数控车床完成零件的加工。

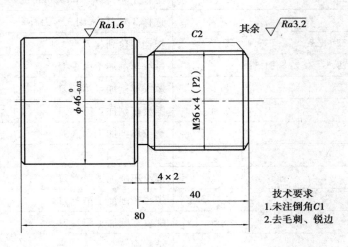

图 4-1-2　零件图

【知识拓展】

普通外螺纹的检测

螺纹环规是用来检测标准外螺纹中径的,两个为一套,一个通规,一个止规。两个光面环规的内螺纹中径分别按照标准螺纹中径的最大极限尺寸和最小极限尺寸制造,精度非常高。规格品种与常用外螺纹(螺丝)规格品种一样多。

1)螺纹环规使用方法

分别用两个环规向要被检测的外螺纹上拧(顺序随意)。

①通规不过(拧不过去),说明螺纹中径大了,产品不合格。

②止规通过,说明中径小了,产品不合格。

③通规可在螺纹的任意位置转动自如,止规可拧 1~3 圈(可能有时还能多拧一两圈,但螺纹头部没出环规端面)就拧不动了。这时,说明所检测的外螺纹中径合格。

2)使用时的注意事项

①螺纹环规使用时,应注意洗涤防锈油及灰尘杂物。

②被测定物也应洗涤干净,以防附着切屑、杂物以及毛边。

③螺纹环规栓入螺纹时,应轻轻地、很顺畅地进入,不可用力、无理地栓入。

④使用时,应注意放置,以防止掉落及碰伤。

3)使用后的处理

①清洗切屑和杂物,涂抹防锈油。
②使用保护膜,以便安全保存。
③存放于温度差小及湿度小的场合。

任务 4.2　三角形内螺纹的加工

【任务目标】

1.熟练运用编程指令编制螺纹零件的加工程序。
2.掌握内螺纹的底孔尺寸的计算方法。
3.掌握内螺纹的加工方法。

【任务描述】

已知毛坯直径为 $\phi 60$ mm,加工如图 4-2-1 所示的零件。试分析加工工艺路线,编写程序,并操作数控车床完成零件的加工。

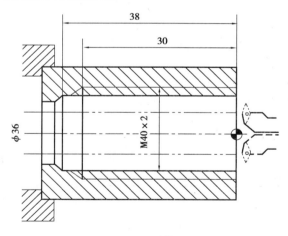

图 4-2-1　零件图

【编程知识】

螺纹切削循环指令 G82 见表 4-2-1。

表 4-2-1 螺纹切削循环指令 G82

指令格式	G82 X(U)__ Z(W)__ I__ R__ E__ C__ P__ F__;
指令说明	X__ Z__:终点坐标(绝对值) U__ W__:终点坐标(相对值),为螺纹终点相对循环起点的增量 R__ E__:无退刀槽时,Z向和X向的螺纹收尾量 I:螺纹切削起点与终点的半径之差(注意是半径差) C:螺纹头数,单头螺纹取0或1,可省略 P:螺纹起点距离主轴基准脉冲点的角度。单头螺纹P为0,可省略 F:螺纹的导程(单头螺纹为螺距)
指令运动路线	 A 点——循环起点(X_a,Z_a) X_a = 螺纹大径 + (2 ~ 5) Z_a = 距螺纹右端面(2 ~ 5) B 点——螺纹切削起点 C 点——螺纹切削终点 D 点——退刀点 走刀的轨迹: G00 X(A) Z(A);刀具定位到 A 点 G82 X(C) Z(C) R(r) E(e) F(f); (刀具从 A—B—C—D—A) 如果螺纹终点有退刀槽,则刀具直接从 C 点沿 X 轴方向退出,不用写 R 和 E 参数,走刀轨迹为矩形

【任务实施】

1)分析零件图

该零件图加工内容包括长 30 mm 的 M40×2 细牙普通螺纹和 ϕ36 mm 的内孔。

2）制订加工方案

①装夹毛坯,伸出卡盘45 mm左右,手动车端面。
②用镗孔车刀粗车、精车内孔至尺寸。
③用60°内螺纹刀车螺纹。
④精加工螺纹,保证螺纹合格。
⑤去毛刺、切断,完成零件加工。

3）选择刀具、工具、量具

刀具、工具、量具的选择见表4-2-2。

表4-2-2　刀具、工具、量具的选择

序号	名　称		功　能	规　格	数量
1	刀具	内孔车刀	粗、精加工内孔		1
		内螺纹车刀	车削普通内螺纹	60°	1
2	量具	内径千分尺	ϕ36 mm内孔测量	25~50 mm	1
		游标卡尺	长度测量	0~150 mm	1
		环规	检测螺纹	M40×2	1
3	其他辅具	垫刀片	调整刀具	1~3 mm	若干
4	材料	钢料		ϕ60×80	1

4）编写螺纹加工程序

编写螺纹加工程序,见表4-2-3。

表4-2-3　螺纹加工程序

程序内容	程序注释
O001	程序号
M03　S300;	主轴正转,转速300 r/min
T0303;	选择3号刀,调用3号刀补
G00　X36　Z4;	快速定位到起刀点
G82　X38.25　Z−32　F2;	螺纹车削加工第一刀
X38.4;	螺纹车削加工第二刀
X38.8;	螺纹车削加工第三刀

续表

程序内容	程序注释
X39.2;	螺纹车削加工第四刀
X39.5;	螺纹车削加工第五刀
X39.7;	螺纹车削加工第六刀
X39.9;	螺纹车削加工第七刀
X40;	螺纹车削加工第八刀
X40;	精修螺纹
G00　Z150;	刀具快速退回安全点
M30;	程序结束

5)车削加工

小组分工协作,进行车削加工。

【考核评价】

考核评分标准见表 4-2-4。

表 4-2-4　评分标准

序号	项目	质量检查内容		配分	评分标准	自检	互检	师检
1	内孔	$\phi36$ 内孔	IT	20	超差 0.01 扣 5 分			
2			$Ra=3.2\ \mu m$	10	不合格不得分			
3	长度	30		10	超差 0.01 扣 5 分			
4		38		10	超差 0.01 扣 5 分			
5	螺纹	M40×2 通规过,止规不过		50	不合格不得分			
	安全文明生产				违章扣分			
日期:		学生姓名:		教师签字:		总分:		

【巩固提高】

已知毛坯直径为 $\phi50$ mm,加工如图 4-2-2 所示的零件。试分析加工工艺路线,编写程序,并操作数控车床完成零件的加工。

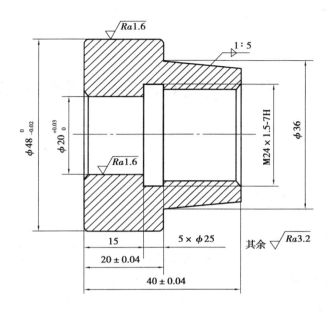

图 4-2-2

【知识拓展】

1) 内螺纹起刀点的选择

内螺纹加工与内孔加工一样,选择起刀点时,起刀点的 X 要比底孔直径小些,Z 值一样。

2) 内螺纹底孔尺寸的计算

加工内螺纹时,首先要加工一个工艺底孔,工艺底孔的大小与螺纹的公称直径和螺距有关。一般情况下,工艺底孔的直径 D 可取螺纹公称直径减去一个螺距,即

$$D = M - P$$

项目 5　孔套类零件的编程与加工

【项目导读】

孔套类零件是机械上常用的零件,在机器中占有很大的比重。通常它起到支承、联接、导向及轴向固定的作用,如导向套、固定套和轴承套等。孔套类零件由锥面、圆弧和内槽等组成,需要与轴类零件进行配合。因此,孔套类零件不仅有形状精度的要求,而且有尺寸精度和表面质量的要求。本项目主要学习加工孔套类零件的方法和测量方面的知识,最终掌握孔套类零件的加工。

任务 5.1　阶梯内孔的加工

【任务目标】

1.熟练运用 G80 编程指令编制阶梯内孔的加工程序。

2.掌握内孔的测量方法。

3.正确识别形状、位置等公差要求。

【任务描述】

已知毛坯直径为 $\phi50$ mm,加工如图 5-1-1 所示的零件。试分析加工工艺路线,编写程序,并操作数控车床完成零件的加工。

【编程知识】

基本指令 G80 见表 5-1-1。

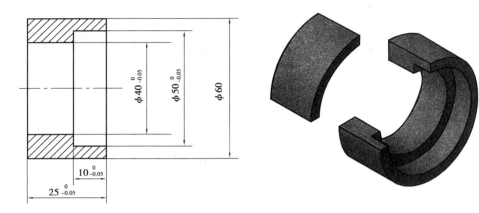

图 5-1-1　零件图及三维立体图

表 5-1-1　基本指令 G80

指令格式	G80　X（U）＿　Z（W）＿　　F＿；
指令说明	X＿　Z＿:终点坐标（绝对值） U＿　W＿:终点坐标（相对值） F＿:进给量
指令动作	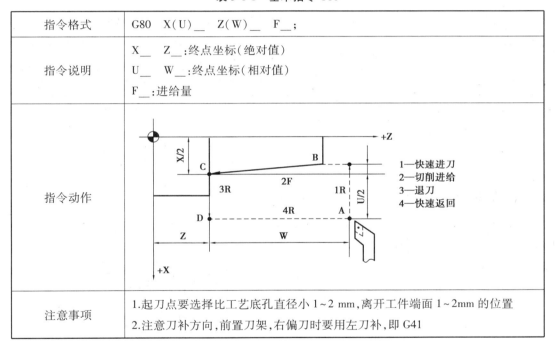
注意事项	1.起刀点要选择比工艺底孔直径小 1～2 mm,离开工件端面 1～2mm 的位置 2.注意刀补方向,前置刀架,右偏刀时要用左刀补,即 G41

【任务实施】

1）制订加工方案

①装夹毛坯,伸出卡盘 40 mm 左右,手动车端面。

②用中心钻手动钻中心孔。

③用 $\phi30$ 的麻花钻手动加工深度为 30 mm 的工艺底孔。

④用镗孔刀粗加工内圆柱面。

⑤用镗孔刀精加工内圆柱面,保证尺寸精度。

⑥去毛刺、切断,完成零件加工。

2)选择刀具、工具、量具

刀具、工具、量具的选择见表 5-1-2。

表 5-1-2　刀具、工具、量具的选择

序号	名　称		功　能	规　格	数量
1	刀具	中心钻	加工中心孔	A 型	1
		麻花钻	钻底孔	$\phi30$ mm	1
		镗孔刀	粗精加工孔的各尺寸	90 mm	1
2	量具	内径千分尺	$\phi40$ mm 内孔测量		1
3		游标卡尺	长度测量	0～150 mm	1
4	其他辅具	垫刀片	调整刀具	1～3 mm	若干
5	材料	钢料	$\phi28\times50$		1

3)坐标点的计算

坐标点的计算见表 5-1-3 和图 5-1-2 所示。

表 5-1-3　坐标点

坐标点	坐标值
1	X50　Z0
2	X50　Z−10
3	X40　Z−10
4	X40　Z−25

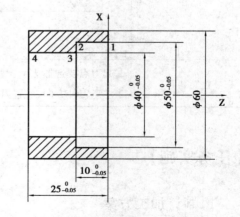

图 5-1-2　工作坐标系

4）编写加工程序

加工程序见表 5-1-4。

表 5-1-4 加工程序

程序内容	程序注释
O0001；	程序号
G40 G97 G99 M03 S500 T0101 F0.2；	指定粗加工切削条件
G00 X28 Z2；	指定孔加工起刀点
G80 X35 Z-25；	粗加工内孔 $\phi 40$ mm 至 $\phi 39.7$ mm
X37；	
X39.7；	
X45 Z-10；	粗加工内孔 $\phi 50$ mm 至 $\phi 49.7$ mm
X47；	
X49.7；	
G00 X100 Z100；	刀具快速返回到换刀点
M05；	主轴停
M00；	程序停止
G40 G97 G99 M03 S1000 T0101 F0.08；	指定精加工切削条件
G00 X28 Z2；	指定孔精加工起刀点
G80 X40 Z-25；	粗加工内孔 $\phi 40$ mm 至尺寸
X50 Z-10；	粗加工内孔 $\phi 50$ mm 至尺寸
G00 X100 Z100；	刀具快速返回到换刀点
M05；	主轴停
M30；	程序结束

5）注意事项

①安装刀具、正确对刀。
②模拟运行程序，保证程序正确。
③注意观察检视窗口加工余量的变化。
④正确测量孔径尺寸，合理输入刀具补偿值。

【考核评价】

考核评分标准见表 5-1-5。

表 5-1-5　评分标准

序号	项目	质量检查内容		配分	评分标准	自检	互检	师检
1	内孔	$\phi 40_{-0.05}^{0}$	IT	15	超差 0.01 扣 5 分			
2			$Ra = 3.2 \ \mu m$	10	不合格不得分			
3		$\phi 50_{-0.05}^{0}$	IT	15	超差 0.01 扣 5 分			
4			$Ra = 3.2 \ \mu m$	10	不合格不得分			
5	长度	$10_{-0.05}^{0}$		12	超差 0.01 扣 5 分			
6		$25_{-0.05}^{0}$		12	超差 0.01 扣 5 分			
7	倒角	$C1$（3 处）		18	错、漏 1 处扣 6 分			
8	端面	$Ra = 3.2 \ \mu m$		8	不合格不得分			
	安全文明生产				违章扣分			
日期：		学生姓名：		教师签字：		总分：		

【巩固提高】

已知毛坯直径为 $\phi 50$ mm，加工如图 5-1-3 所示的零件。试分析加工工艺路线，编写程序，并操作数控车床完成零件的加工。

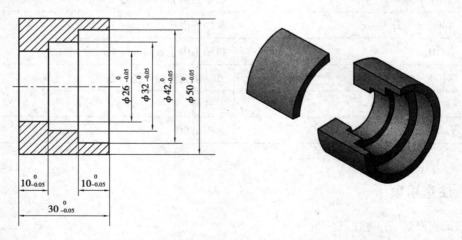

图 5-1-3　零件图及三维立体图

【知识拓展】

1）麻花钻

（1）麻花钻的类型

麻花钻按照装夹方式,可分为直柄麻花钻(见图 5-1-4)和锥柄麻花钻(见图 5-1-5)两种。

图 5-1-4　直柄麻花钻图

图 5-1-5　锥柄麻花钻

麻花钻按照材质不同,可分为高速钢麻花钻和硬质合金麻花钻两种。高速钢麻花钻塑性较好,但不耐高温,使用时一般要加冷却液,不适合高速加工;硬质合金麻花钻适用加工各种材料,且耐高温,不需要浇注冷却液,但容易损坏。

（2）麻花钻的组成

麻花钻的组成如图 5-1-6 所示。

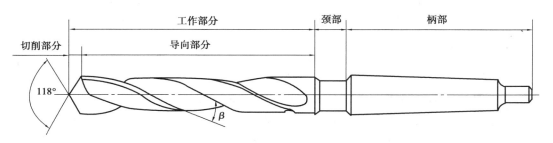

图 5-1-6　直柄麻花钻图

①柄部。钻头的夹持部位,装夹时起定心作用,切削时起传递扭矩的作用。

②颈部。颈部是柄部和工作部分的联接部分。通常在上面标注商标、直径和材料牌号等。

③工作部分。工作部分是钻头的主要组成部分。它由切削部分和导向部分组成,起切削和导向作用。

（3）麻花钻的刃磨要求

①麻花钻的两条主切削刃应对称,即两条主切削刃距钻头轴线成相同角度,并且长度

相等。

②横刃斜角为 55°。

（4）麻花钻刃 X 对钻孔质量的影响

①麻花钻顶角不对称

当顶角不对称时，只有一个切削刃切削，而另一个刃不起作用，两边受力不平衡，会使钻出的孔扩大或倾斜，如图 5-1-7 所示。

②麻花钻顶角对称但切削长度不等

当切削刃长度不等时，钻头工作中心会产生移动，使钻出的孔扩大，如图 5-1-8 所示。

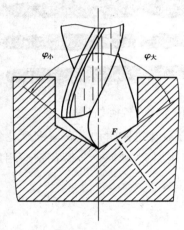

图 5-1-7 顶角不对称

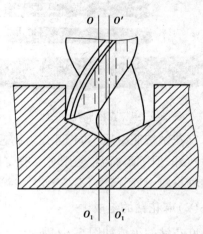

图 5-1-8 切削刃长度不等

③顶角既不对称也不相等

钻出的孔不仅孔径扩大，而且还会产生阶台。

（5）麻花钻的刃磨

麻花钻是最常用的钻孔工具。结构虽简单，但要把它真正刃磨好，也不是一件轻松的事。麻花钻的刃磨关键在于掌握好刃磨的方法和技巧。

①麻花钻刃磨前，钻头主切削刃应放置在砂轮中心水平位置或稍高一些，钻头中心线与砂轮外侧表面在水平面内的夹角等于顶角的 1/2，同时钻尾向下倾斜。

②钻头刃磨时，用右手握住钻头前端作支点，左手握钻尾，以钻头前端支点为圆心，钻尾作上下摆动，并略带旋转，但不能转动过多或上下摆动太大，以防磨出副后角，或把另一侧主切削刃磨掉，特别是刃磨小麻花钻时更应注意。

③当一个主切削刃磨完以后，把钻头转过 180°，刃磨另一条主切削刃，人和手要保持原来的位置和姿势，这样容易达到两主切削刃对称。

④当钻头直径较大、横刃较长时，为了使钻头定心容易，刃口锐利，减小切削阻力，可修磨前刀面与横刃来改变切削性能。钻头的刃磨步骤如图 5-1-9 所示。

（a）主切削刃与砂轮中心齐平
并保证夹角为顶角的1/2

（b）钻尾略向下倾斜

（c）刃磨后刀面

（d）刃磨另一侧后刀面

（e）检测顶角角度

（f）刃磨前刀面与横刃

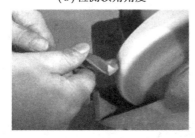

（g）精修后刀面与主切削刃

（h）修磨好的钻头实体

图 5-1-9 钻头的刃磨步骤

（6）麻花钻的优缺点

①优点

a.钻削时是双刃同时切削,切削平衡,不易产生振动。

b.钻头上有两条螺旋线棱边,钻孔时导向作用较好,轴心线不易歪斜。

c.钻头工作部分长,故使用寿命较长。

②缺点

麻花钻的缺点是由其结构特点决定的。

a.切削刃强度差,切削挤压严重。

b.排屑不顺利,切削液很难进入切削区。

c.轴向切削力大,定心差。

d.产生热量多,磨损快。

2)钻孔的方法

(1)在车床上安装麻花钻

①用钻夹头安装

这种装夹方法适用于安装直柄麻花钻。将钻头用钻夹头钥匙装于钻夹头上,然后再将钻夹头锥柄插入车床尾座套筒内即可,如图5-1-10所示。

(a)钻夹头　　　　　　　　　　　(b)直柄钻头的装夹

图5-1-10　用钻夹头安装

②用莫氏锥套安装

当锥柄钻头的锥柄号码与车床尾座的锥孔号码相符时,锥柄麻花钻可直接插入车床尾座套筒内。但是,如果二者的号码不相同,就得使用莫氏锥柄变径套过渡,如图5-1-11所示。

(a)变径套　　　　　　　　　　　(b)锥柄麻花钻的装夹

图5-1-11　用莫氏锥套安装

③用楔铁安装

从变径套上取下钻头时,一般要使用专用的楔铁从钻套尾端的腰形孔中插入,用力敲击楔铁,钻头就会被挤出,如图 5-1-12 所示。

（a）楔铁 　　　　　　　　　　　（b）用楔铁取钻头

图 5-1-12　用楔铁安装

④用 V 形铁安装

这种方法是将钻头安装在刀架上,不使用车床尾座安装。只要用两块 V 形槽铁把钻头（直柄钻头）安装在刀架上,高低对准中心,钻头的轴线与车床主轴轴线重合,就可用自动进给进行钻孔,如图 5-1-13 所示。

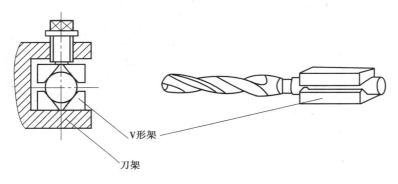

图 5-1-13　用 V 形铁装夹钻头

（2）钻孔的步骤

①根据要钻孔径的大小,选择不同规格的钻头,并安装在车床上。

②钻孔前,必须将端面车平,不能留有凸头,否则钻头不易定心,容易折断钻头。

③钻头刚刚接触工件端面时,钻头不能左右摇摆。其方法:可用挡铁安装在刀架上,用挡铁夹正钻尖部位,待钻尖钻入工件内不晃动时,再把挡铁退开进行钻削加工。当工件将要钻通时,进给速度要放慢,否则会由于切削热积聚而烧坏钻头,甚至把钻头卡在工件孔内。

④钻小孔时,主轴转速要高,最好先用中心钻引孔定心,避免将孔钻偏。

⑤钻深孔时,切屑不易排出,要经常将钻头退出冷却,并清除切屑。

⑥钻钢件时,应浇注切削液,使钻头冷却;钻铸铁时,一般不用切削液。

任务 5.2　锥度孔的加工

【任务目标】

1.熟练运用 G80 编程指令编制锥度孔,了解指令中 R 的含义。

2.掌握内孔的测量方法。

3.正确识别形状、位置等公差要求。

【任务描述】

已知毛坯直径为 $\phi60$ mm,加工如图 5-2-1 所示的零件。试分析加工工艺路线,编写程序,并操作数控车床完成零件的加工。

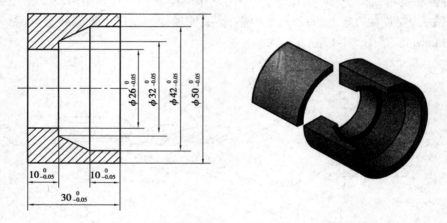

图 5-2-1　零件图及三维立体图

【编程知识】

基本指令 G80(内圆锥)见表 5-2-1。

表 5-2-1　基本指令 G80(内圆锥)

指令格式	G80　X(U)__　Z(W)__　R__　F__;
指令说明	X__　Z__:终点坐标(绝对值) U__　W__:终点坐标(相对值) R__:圆锥切削起点与终点的半径差值 F__:进给量

续表

指令动作	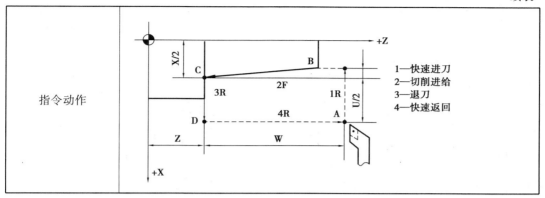

【任务实施】

1）制订加工方案

①装夹毛坯,伸出卡盘 40 mm 左右,手动车端面。
②用中心钻手动钻中心孔。
③用 $\phi20$ 的麻花钻手动加工深度为 30 的工艺底孔。
④粗、精车外轮廓,并保证尺寸。
⑤去毛刺、切断,完成零件加工。

2）选择刀具、工具、量具

刀具、工具、量具的选择见表 5-2-2。

表 5-2-2 刀具、工具、量具的选择

序号	名 称		功 能	规 格	数量
1		中心钻	加工中心孔	A 型	1
2	刀具	麻花钻	钻底孔	$\phi30$ mm	1
3		镗孔刀	粗精加工孔的各尺寸	90 mm	1
4		外圆刀	粗、精加工外轮廓	90 mm	1
5		内径千分尺	测量 $\phi26,\phi32,\phi42$ 的外圆	25~50 mm	1
6	量具	外径千分尺	测量 $\phi50$ mm 的外圆	25~50 mm	1
7		游标卡尺	长度测量	0~150 mm	1
8	其他辅具	垫刀片	调整刀具	1~3 mm	若干
9	材料	钢料	$\phi28\times50$		1
10	数控系统			华中系统	

3) 坐标点的计算

坐标点的计算见表 5-2-3 和图 5-2-2。

表 5-2-3　坐标点

坐标点	坐标值
1	X42　Z0
2	X42　Z−10
3	X32　Z−20
4	X26　Z−20
5	X26　Z−30
6	X50　Z0
7	X50　Z−30

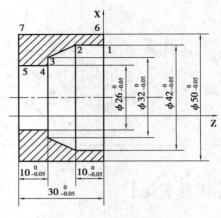

图 5-2-2　工件坐标系

4) 编写加工程序

加工程序见表 5-2-4。

表 5-2-4　加工程序

程序内容	程序注释
O0001；	程序号
G40　G97　G99　M03　S500　T0101　F0.2；	指定外轮廓粗加工切削条件
G00　X62　Z2；	指定外轮廓粗加工起刀点
G80　X55　Z−30；	粗加工外轮廓
X50.3；	
G00　X100　Z100；	刀具快速返回到换刀点
M05；	主轴停
M00；	程序停止
G40　G97　G99　M03　S1000　T0101　F0.08；	指定精加工切削条件
G00　X62　Z2；	指定外轮廓精加工起刀点
G80　X50　Z−30；	精加工外轮廓
G00　X100　Z100；	刀具快速返回到换刀点

程序内容	程序注释
M05；	主轴停
M00；	程序停止
G40　G97　G99　M03　S500　T0202　F0.15；	指定内轮廓粗加工切削条件
G00　X18　Z2；	指定外轮廓精加工起刀点
G80　X25.7　Z-30；	粗加工 ϕ26 mm 内孔至 ϕ25.7 mm 尺寸
X31.7　Z-20；	粗加工 ϕ32 mm 内孔至 ϕ31.7 mm 尺寸
X36　Z-10；	粗加工 ϕ42 mm 内孔至 ϕ41.7 mm 尺寸
X41.7；	
G00　X32　Z-20；	刀具快速到达粗加工内锥起刀点
G80　X32　Z-20　R5；	粗加工内锥
X31.7；	
G00　Z2；	刀具从内孔里 Z 向退刀到孔外
G00　X100　Z100；	刀具快速返回到换刀点
M05；	主轴停
M00；	程序停止
G40　G97　G99　M03　S500　T0202　F0.06；	指定内轮廓粗加工切削条件
G00　X18　Z2；	指定内轮廓精加工起刀点
G00　G41　X42；	进行刀尖圆弧半径补偿
G01　Z-10；	粗加工 ϕ42 mm 内孔，长度 10 mm
X32　Z-20；	精加工圆锥
X26；	精加工 ϕ26 mm 内孔
Z-30；	
G01　G40　X18；	取消刀尖圆弧半径补偿
G00　Z2；	刀具从内孔里 Z 向退刀到孔外
G00　X100　Z100；	刀具快速返回到换刀点
M05；	主轴停
M30；	程序结束

5）注意事项

①安装刀具、正确对刀。

②模拟运行程序，保证程序正确。

③注意观察检视窗口加工余量的变化。

④正确测量孔径尺寸，合理输入刀具补偿值。

【考核评价】

考核评分标准见表 5-2-5。

表 5-2-5　评分标准

序号	项目	质量检查内容		配分	评分标准	自检	互检	师检
1	内孔	$\phi 26_{-0.05}^{0}$	IT	15	超差 0.01 扣 5 分			
2			$Ra = 3.2\ \mu m$	10	不合格不得分			
3		$\phi 42_{-0.05}^{0}$	IT	15	超差 0.01 扣 5 分			
4			$Ra = 3.2\ \mu m$	10	不合格不得分			
5	长度	$10_{-0.05}^{0}$		12	超差 0.01 扣 5 分			
6		$30_{-0.05}^{0}$		12	超差 0.01 扣 5 分			
7	倒角	$C1$（3 处）		18	错、漏 1 处扣 6 分			
8	端面	$Ra = 3.2\ \mu m$		8	不合格不得分			
	安全文明生产				违章扣分			
日期：		学生姓名：		教师签字：		总分：		

【巩固提高】

已知毛坯直径为 $\phi 40$ mm，加工如图 5-2-3 所示的零件。试分析加工工艺路线，编写程序，并操作数控车床完成零件的加工。

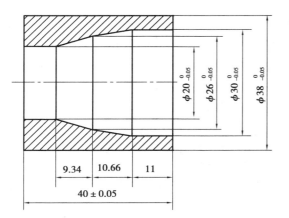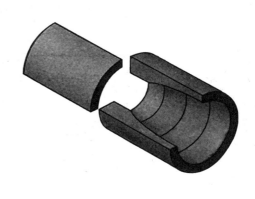

图 5-2-3　零件图及三维立体图

【知识拓展】

1）内孔车刀

（1）内孔车刀的种类

根据不同的加工情况，内孔车刀分为通孔车刀（见图 5-2-4（a））和不通孔车刀（见图 5-2-4（b））两种。

（a）通孔车刀　　　　　　　　　　（b）不通孔车刀

图 5-2-4　内孔车刀的种类

（2）内孔车刀的刃磨

①通孔车刀的几何角度

通孔车刀的几何角度如图 5-2-5 所示。

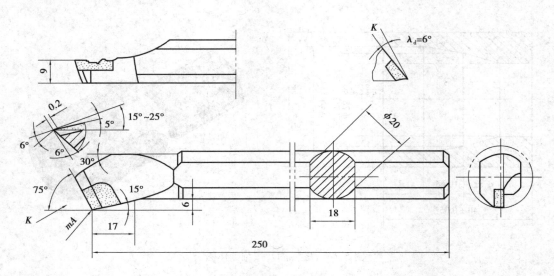

图 5-2-5　通孔车刀的几何角度

②通孔车刀的刃磨步骤

通孔车刀的刃磨步骤如图 5-2-6 所示。

（a）在氧化铝砂轮上粗磨3个刀面

（b）粗磨主后刀面

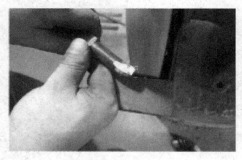

（c）粗磨副后刀面

（d）粗磨前刀面和排屑槽

（e）磨两个后角

（f）精磨3个刀面

（g）磨过渡刃

（h）通孔车刀实体

图 5-2-6　通孔车刀的刃磨步骤

a.选氧化铝砂轮粗磨多个刀面。

b.先粗磨车刀的主偏角,主偏角的角度一般保证在 60°~75°。在磨主后刀面的同时,使主切削刃略高于砂轮的水平面,磨出主后角为 80°~120°。

c.粗磨副偏角,副偏角一般取 30°~60°,同时把副后角 8°~12°也一起磨出来。

d.主偏角和副偏角刃磨好后磨断屑槽,断屑槽在砂轮的轮边上刃磨。磨的时候断屑槽不能太宽、太深,否则将引起排屑不畅或刀头强度不够。

e.为了使主后刀面不与内孔表面擦碰,必要时可磨出两个后刀面。

f.磨 3 个刀面,使主切削刃锋利,断屑槽均匀、光滑。

g.磨刀尖过渡刃,增大刀尖强度。

2）内孔车刀的装夹

内孔车刀装夹得正确与否将直接影响车削情况与孔的精度。内孔车刀装夹时,一定要注意以下 3 点：

①装夹内孔车刀时，刀尖应与工件中心等高或稍高于工件中心。如果刀尖低于主轴中心，由于切削力的作用，容易将刀杆压低而产生扎刀现象，并可能造成孔径扩大。

②刀头伸出刀架不宜过长。一般比孔深长 3~5 mm 即可以增加刀杆的强度。

③刀杆轴线要与工件轴线平行，否则刀杆易碰到内孔表面，如图 5-2-7 所示。

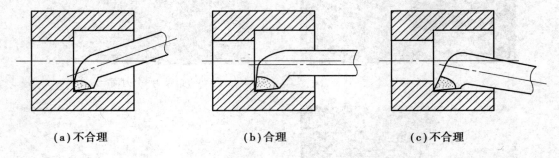

(a)不合理　　　　　　　(b)合理　　　　　　　(c)不合理

图 5-2-7　刀杆轴线与工件轴线平行

任务 5.3　复杂内孔的加工

【任务目标】

1.熟练运用 G71 编程指令编制锥度孔，了解指令中 X 的变化。

2.掌握内孔的测量方法。

3.正确识别形状、位置等公差要求。

【任务描述】

已知毛坯直径为 φ60 mm，加工如图 5-3-1 所示的零件。试分析加工工艺路线，编写程序，并操作数控车床完成零件的加工。

【编程知识】

基本指令 G71（车内径）见表 5-3-1。

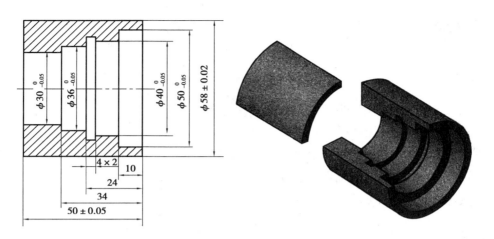

图 5-3-1 零件图及三维立体图

表 5-3-1 基本指令 G71(车内径)

指令格式	G71 U(Δd) R(r) P(ns) Q(nf) E(f) S(s) T(t);
指令说明	Δd:切削深度(每次切削量),指定时不加符号,方向矢量 AA′决定 r:每次退刀量 ns:精加工路径第一程序段 AA′的顺序号 nf:精加工路径最后程序段 B′B 的顺序号 e:精加工余量,其为 X 的等高距离,外径切削时为正,外径切削时为负 f,s,t:粗加工 G71 中编程的 F,S,T 有效,而精加工时处于 ns 到 nf 程序段之间的 F,S,T 有效
指令动作	1—快速进刀 2—切削进给 3—退刀 4—快速返回

【任务实施】

1)制订加工方案

①装夹毛坯,伸出卡盘 40 mm 左右,手动车端面。

②用中心钻手动钻中心孔。

③用 $\phi20$ 的麻花钻手动加工深度为 30 的工艺底孔。

④粗、精车外轮廓,并保证尺寸。

⑤去毛刺、切断,完成零件加工。

2)选择刀具、工具、量具

刀具、工具、量具的选择见表 5-3-2。

表 5-3-2 刀具、工具、量具的选择

序号	名　　称		功　　能	规格	数量
1	刀具	中心钻	加工中心孔	A 型	1
2		麻花钻	钻底孔	$\phi30$ mm	1
3		镗孔刀	粗精加工孔的各尺寸	90 mm	1
4		外圆刀	粗、精加工外轮廓	90 mm	1
5	量具	内径千分尺	测量 $\phi26,\phi32,\phi42$ 的外圆	25~50 mm	1
6		外径千分尺	测量 $\phi50$ mm 的外圆	25~50 mm	1
7		游标卡尺	长度测量	0~150 mm	1
8	其他辅具	垫刀片	调整刀具	1~3 mm	若干
9	材料	钢料	$\phi28\times50$		1
10	数控系统			华中系统	

3)坐标点的计算

坐标点的计算见表 5-3-3—表 5-3-5 和图 5-3-2。

表 5-3-3　坐标点一

坐标点	坐标值
1	X44　Z-20
2	X44　Z-24

表 5-3-4　坐标点二

坐标点	坐标值
1	X58　Z0
2	X58　Z-50

表 5-3-5　坐标点三

坐标点	坐标值
1	X50　Z0
2	X50　Z-10
3	X40　Z-10
4	X40　Z-24
5	X36　Z-24
6	X36　Z-34
7	X30　Z-34
8	X34　Z-50

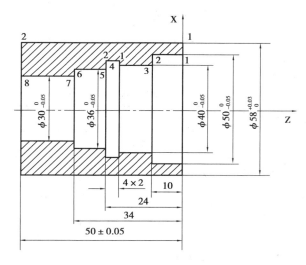

图 5-3-2　工作坐标系

4）编写加工程序

外轮廓程序见表 5-3-6。

表 5-3-6　外轮廓程序

程序内容	程序注释
O0001；	程序号
G40　G97　G99　M03　S500　T0101　F0.2；	指定外轮廓粗加工切削条件
G00　X62　Z2；	指定外轮廓加工起刀点
G80　X58.3　Z-55；	粗加工外轮廓

续表

程序内容	程序注释
G00　X100　Z100；	刀具快速返回换刀点
M05；	主轴停
M00；	程序停止
G40　G97　G99　M03　S800　T0101　F0.2；	指定外轮廓精加工切削条件
G00　X62　Z2；	指定外轮廓加工起刀点
G80　X58　Z-55；	精加工外轮廓
G00　X100　Z100；	刀具快速返回换刀点
M05；	主轴停
M30；	程序停止

内轮廓程序见表 5-3-7。

表 5-3-7　内轮廓程序

程序内容	程序注释
O0002；	程序号
G40　G97　G99　M03　S500　T0202　F0.2；	指定内轮廓粗加工切削条件
G00　X18　Z2；	指定内轮廓加工起刀点
G71　U2　R0.5　P10　Q11　X-0.3　Z0；	选择内轮廓粗加工循环指令
N10　G00　G41　X50；	
Z-10；	
X40；	
Z-24；	
X36；	粗加工内轮廓
Z-34；	
X30；	
Z-50；	
N11　G01　G40　X18；	
G00　X100　Z100；	刀具快速返回换刀点

续表

程序内容	程序注释
M05；	主轴停
M00；	程序停止
G40 G97 G99 M03 S1000 T0202 F0.2；	指定内轮廓精加工切削条件
G00 X18 Z2；	指定内轮廓加工起刀点
G70 P10 Q11；	精加工内轮廓
G00 X100 Z100；	刀具快速返回换刀点
M05；	主轴停
M30；	程序停止

内槽加工程序见表5-3-8。

表5-3-8 内槽加工程序

程序内容	程序注释
G00 G40 G97 G99 M03 S500 T0303 F0.04；	指定内轮廓粗加工切削条件
G00 X34 Z2；	指定槽加工第一起刀点
Z-24；	指定槽加工位置
G01 X44；	切槽
G00 X34；	退刀
Z2；	退到起刀点
G00 X100 Z100；	刀具快速返回换刀点
M05；	主轴停
M30；	程序停止

5）注意事项

①安装刀具、正确对刀。
②模拟运行程序,保证程序正确。
③注意观察检视窗口加工余量的变化。
④正确测量孔径尺寸,合理输入刀具补偿值。

【考核评价】

考核评分标准见表 5-3-9。

表 5-3-9　评分标准

序号	项目	质量检查内容		配分	评分标准	自检	互检	师检
1	内孔	$\phi 40_{-0.05}^{0}$	IT	15	超差 0.01 扣 5 分			
2			$Ra = 3.2 \ \mu m$	10	不合格不得分			
3		$\phi 50_{-0.05}^{0}$	IT	15	超差 0.01 扣 5 分			
4			$Ra = 3.2 \ \mu m$	10	不合格不得分			
5	长度	10		12	超差 0.01 扣 5 分			
6		50 ± 0.05		12	超差 0.01 扣 5 分			
7	倒角	$C1$（3 处）		18	错、漏 1 处扣 6 分			
8	端面	$Ra = 3.2 \ \mu m$		8	不合格不得分			
	安全文明生产				违章扣分			
日期：		学生姓名：		教师签字：		总分：		

【巩固提高】

已知毛坯直径为 $\phi 40$ mm，加工如图 5-3-3 所示的零件。试分析加工工艺路线，编写程序，并操作数控车床完成零件的加工。

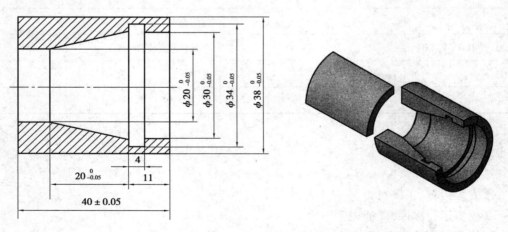

图 5-3-3　零件图及三维立体图

【知识拓展】

根据孔径的大小和测量精度的不同,选择不同的测量量具。

1)游标卡尺

常用的游标卡尺分为两用游标卡尺(见图 5-3-4)、双面游标卡尺(见图 5-3-5)、带表游标卡尺(见图 5-3-6)及数显游标卡尺(见图 5-3-7)等。根据测量范围的不同,一般分为 0~150 mm,0~200 mm,0~300 mm,0~500 mm 等规格。

图 5-3-4　两用游标卡尺

图 5-3-5　双面游标卡尺

图 5-3-6　带表游标卡尺

图 5-3-7　数显游标卡尺

2)光滑塞规

当零件孔径相对较小、测量精度要求较高、成批量生产时,为了测量方便,通常用光滑塞规测量孔径。塞规由通端、止端和手柄组成。通端的直径等于孔的最小极限尺寸,止端的尺寸等于孔的最大极限尺寸。为了使塞规的通端和止端在使用时有所区别,通常通端要比止端长一些,或者通端用字母"T"表示,而止端用字母"Z"表示,如图 5-3-8 所示。

3)内测千分尺(两爪式)

内测千分尺的测量精度为 0.01 mm。按测量范围,一般分为 5~25 mm,10~50 mm 等规格。这种千分尺刻线方向与外径千分尺相反。当顺时针旋转微分筒时,活动爪向右移动,测量值增大,如图 5-3-9 所示。

图 5-3-8　光滑塞规

图 5-3-9　内测千分尺

4）接杆式内径千分尺

接杆式内径千分尺由一组量杆、微分筒和固定量栓组成。根据孔径大小的不同，选择不同的量杆长度与微分筒、量栓组成千分尺来进行量测。其测量范围一般为 50~500 mm，如图 5-3-10 所示。

5）三爪式内径千分尺

三爪式内径千分尺是利用螺旋副原理通过旋转塔形阿基米德螺旋体或移动锥体使 3 个测量爪作径向位移，使其与被测内孔接触，对内孔尺寸进行读数的内径千分尺。三爪式内径千分尺测量面为硬质合金表面，确保其耐磨性，可接近于孔底端进行测量，如图 5-3-11 所示。

图 5-3-10　接杆式内径千分尺

图 5-3-11　三爪式内径千分尺

6）内径百分表

内径百分表是将百分表装夹在测架 1 上，触头 6 通过摆动块 7，杆 3 将测量值 1∶1 地传递给百分表。可根据孔径大小的不同更换固定测量头 5。内径百分表主要用于精度要求较高且较深的孔的测量。其结构原理如图 5-3-12 所示。

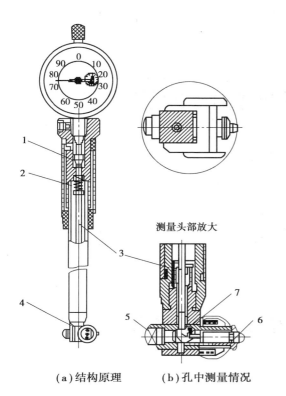

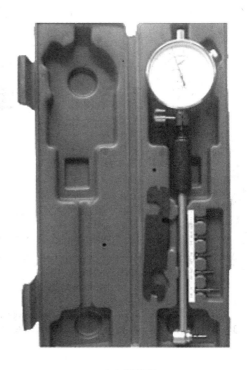

（a）结构原理　　　（b）孔中测量情况　　　　　　（c）实物图

图 5-3-12　内径百分表

1—测架；2—弹簧；3—杆；4—垫圈；5—固定测量头；

6—触头；7—摆动块

项目 6　典型零件的综合练习

【项目导读】

　　一般综合轴类零件由外圆、锥度、槽及螺纹等组成。因此,需要我们合理安排切削工艺,以及正确选择刀具和切削用量等。

任务 6.1　典型零件加工一(中级件一)

【任务目标】

　　1.正确识图,对零件进行合理的工作安排。
　　2.熟练运用编程指令编制典型零件的加工程序。
　　3.掌握典型零件的加工和测量方法。

【任务描述】

　　已知毛坯直径为 $\phi60$ mm,加工如图 6-1-1 所示的零件。试分析加工工艺路线,编写程序,并操作数控车床完成零件的加工。

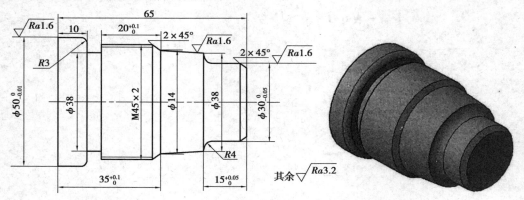

图 6-1-1　零件图及三维立体图

【任务实施】

1）制订加工方案

①装夹毛坯，伸出卡盘 75 mm 左右，手动车端面并对外圆车刀。
②用外圆车刀粗、精加工外轮廓。
③用切槽刀粗、精加工槽。
④用三角螺纹车刀加工螺纹。
⑤去毛刺、切断，完成零件的加工。

2）选择刀具、工具、量具

刀具、工具、量具的选择见表 6-1-1。

表 6-1-1　刀具、工具、量具的选择

序号	名 称		功 能	规 格	数量
1	刀具	外圆车刀	粗、精加工外轮廓	90	1
2		切槽刀	槽的加工和切断	刀宽 4 mm	1
3		螺纹车刀	螺纹加工	60 刀尖角	1
4	量具	外径千分尺	测量 $\phi26,\phi32,\phi42$ 的外圆	25～50 mm	1
5		游标卡尺	长度测量	0～150 mm	1
6		螺纹环规	检测螺纹	M45	1
7		半径样板	检测圆弧	$R0～R15$ mm	1
8	其他辅具	垫刀片	调整刀具	1～3 mm	若干
9	材料	钢料	$\phi28×50$		1
10	数控系统			华中系统	

3）编写加工程序

外轮廓加工程序见表 6-1-2—表 6-1-4。

表 6-1-2　外轮廓加工程序

程序内容	程序注释
O0001；	程序号
G40　G97　G99　M03　S500　T0101　F0.2；	指定外轮廓粗加工切削条件
G00　X62　Z2；	指定外轮廓加工起刀点
G71　U2　R0.5　P10　Q11　X0.3　Z0；	选择外轮廓粗加工循环指令
N10　G00　G42　X0；	刀尖圆弧半径补偿
G01　Z0；	刀具达到右端面
X26；	刀具直线插补刀右端面倒角处
X30　Z−2；	倒角
Z−11；	加工 $\phi30$ 外圆
G02　X38　Z−15　R4；	倒 $R4$ 圆角
G01　X41　Z−30；	加工圆锥
X44.85　Z−32；	倒角
Z−55；	加工 $\phi45$ 外圆
X45；	$R2.5$ 圆弧起点
G03　X50　Z−57.5　R2.5；	倒 $R2.5$ 圆角
G01　Z−65；	加工 $\phi50$ 外圆
N11　G01　G40　X18；	取消刀尖圆弧半径补偿
G00　X100　Z100；	刀具快速返回到换刀点
M05；	主轴停
M30；	程序结束

注：粗加工按下"跳段"，粗加工程序变为精加工程序。

表 6-1-3　槽加工

程序内容	程序注释
O0002；	程序号
G40　G97　G99　M03　S500　T0202　F0.2；	指定外轮廓粗加工切削条件
G00　X52　Z-55；	指定外轮廓加工起刀点
G01　X38；	直线插补到槽底
X52；	退刀
Z-54；	进刀
X38；	加工槽至槽底
G00　X52；	退刀
G00　X100　Z100；	刀具快速返回到换刀点
M05；	主轴停
M30；	程序结束

表 6-1-4　螺纹加工

程序内容	程序注释
O0003；	程序号
G40　G97　G99　M03　S300　T0303；	指定外轮廓粗加工切削条件
G00　X47　Z-28；	指定外轮廓加工起刀点
G92　X46　Z-52　F2；	直线插补到槽底
X44.5；	
X44；	
X43.7；	螺纹加工
X43.5；	
X43.4；	
G00　X100　Z100；	刀具快速返回到换刀点
M05；	主轴停
M30；	程序结束

4）注意事项

①槽加工时,因为槽宽大于刀宽,属于宽槽加工,故需要计算起刀点和加工刀数。

②螺纹环规检查时,注意通规要完全旋紧,而止规旋进不能超过 2 圈,以半圈到 1.5 圈为宜。

【考核评价】

考核评分标准见表 6-1-5。

表 6-1-5　评分标准

序号	项目	质量检查内容		配分	评分标准	自检	互检	师检
1	外圆	$\phi 50_{-0.01}^{0}$	IT	15	超差 0.01 扣 5 分			
2			$Ra = 3.2\ \mu m$	10	不合格不得分			
3		$\phi 30_{-0.05}^{0}$	IT	15	超差 0.01 扣 5 分			
4			$Ra = 3.2\ \mu m$	10	不合格不得分			
5	长度	$35_{0}^{+0.1}$		12	超差 0.01 扣 5 分			
6		$15_{0}^{+0.05}$		12	超差 0.01 扣 5 分			
7	倒角	$C1$（3 处）		18	错、漏 1 处扣 6 分			
8	端面	$Ra = 3.2\ \mu m$		8	不合格不得分			
安全文明生产					违章扣分			
日期：		学生姓名：		教师签字：			总分：	

【巩固提高】

已知毛坯直径为 $\phi 50$ mm,加工如图 6-1-2 所示的零件。试分析加工工艺路线,编写程序,并操作数控车床完成零件的加工。

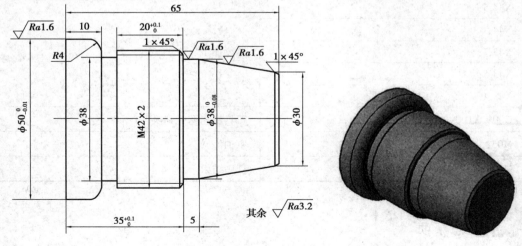

图 6-1-2　零件图与三维立体图

任务6.2 典型零件加工二(中级件二)

【任务目标】

1.正确识图,对零件进行合理的工作安排。
2.熟练运用编程指令编制典型零件的加工程序。
3.掌握典型零件的加工和测量方法。

【任务描述】

已知毛坯直径为 $\phi60$ mm,加工如图6-2-1所示的零件。试分析加工工艺路线,编写程序,并操作数控车床完成零件的加工。

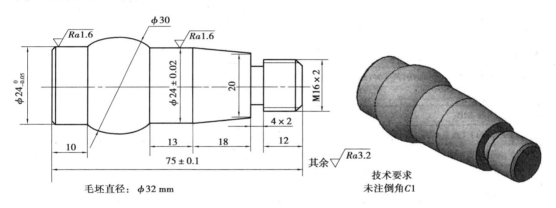

图6-2-1 零件图与三维立体图

【任务实施】

1)制订加工方案

①装夹毛坯,伸出卡盘75 mm左右,手动车端面并对外圆车刀。
②加工中心孔。
③采用一夹一顶方式,粗、精加工外轮廓。
④槽加工。
⑤螺纹加工。

2）选择刀具、工具、量具

刀具、工具、量具的选择见表6-2-1。

表6-2-1 刀具、工具、量具的选择

序号	名 称		功 能	规格	数量
1	刀具	外圆车刀	粗、精加工外轮廓	90	1
2		切槽刀	槽的加工和切断	刀宽4 mm	1
3		螺纹车刀	螺纹加工	60 刀尖角	1
4	量具	外径千分尺	测量 $\phi26,\phi32,\phi42$ 的外圆	25~50 mm	1
5		游标卡尺	长度测量	0~150 mm	1
6		螺纹环规	检测螺纹	M45	1
7		半径样板	检测圆弧	$R0~R15$ mm	1
8	其他辅具	垫刀片	调整刀具	1~3mm	若干
9	材料	钢料	$\phi28\times50$		1
10	数控系统			华中系统	

3）编写加工程序

外轮廓、槽和螺纹的加工程序分别见表6-2-2—表6-2-4。

表6-2-2 外轮廓加工

程序内容	程序注释
O0001;	程序号
G40 G97 G99 M03 S500 T0101 F0.2;	指定外轮廓粗加工切削条件
G00 X62 Z2;	指定外轮廓加工起刀点
G73 U11.5 R10 P10 Q11 U0.3 W0;	选择外轮廓粗加工循环指令
N10 G00 G42 X14;	刀尖圆弧半径补偿
G01 Z0;	刀具插补到右端面倒角处
X15.85 Z-2;	倒角
Z-12;	加工外圆

续表

程序内容	程序注释
X20 Z−16；	加工锥度
X24 Z−34；	加工锥度
Z−47；	加工外圆
G03 X24 Z−65 R15；	加工圆弧
G01 Z−74；	加工外圆
X22 Z−75；	加工倒角
N11 G01 G40 X37；	取消刀具半径圆弧补偿
G00 X100 Z100；	刀具快速返回到换刀点
M05；	主轴停
M30；	程序结束

注：粗加工按下"跳段"，粗加工程序变为精加工程序。

表 6-2-3 槽加工

程序内容	程序注释
O00002；	程序号
G40 G97 G99 M03 S500 T0202 F0.04；	指定外轮廓粗加工切削条件
G00 X22 Z−16；	指定外轮廓加工起刀点
G01 X12；	直线插补到槽底
G00 X22；	退刀
G00 X100 Z100；	刀具快速返回到换刀点
M05；	主轴停
M30；	程序结束

表 6-2-4 螺纹加工

程序内容	程序注释
O0003;	程序号
G40 G97 G99 M03 S300 T0303;	指定螺纹粗加工切削条件
G00 X18 Z2;	指定螺纹加工起刀点
G82 X15 Z-14 F2;	选取螺纹加工指令并加工螺纹
X14.5;	螺纹加工
X14;	
X13.7;	
X13.4;	
G00 X100 Z100;	刀具快速返回到换刀点
M05;	主轴停
M30;	程序结束

4）注意事项

①零件轮廓为凸轮廓,需要大副偏角的刀具。如选 90°主偏角刀具时,刀具的刀尖角则太小,况且副偏角还需要计算;如选择三角螺纹车刀加工外轮廓,则可以避免这一点,但不足之处则是三角螺纹车刀用来加工外轮廓,其表面质量不会太好。因此,切削要素选择起来要特别小心。

②三角螺纹车刀加工时,因为主偏角是 60°,所以不能加工直台阶。

【考核评价】

考核评分标准见表 6-2-5。

表 6-2-5 评分标准

序号	项目	质量检查内容		配分	评分标准	自检	互检	师检
1	外圆	$\phi 50_{-0.02}^{0.02}$	IT	15	超差 0.01 扣 5 分			
2			$Ra = 3.2\ \mu m$	10	不合格不得分			
3		$\phi 50_{-0.02}^{0.02}$	IT	15	超差 0.01 扣 5 分			
4			$Ra = 3.2\ \mu m$	10	不合格不得分			

续表

序号	项目	质量检查内容	配分	评分标准	自检	互检	师检
5	长度	10 ± 0.1	12	超差 0.01 扣 5 分			
6		20 ± 0.1	12	超差 0.01 扣 5 分			
7	倒角	$C1(3$ 处$)$	18	错、漏 1 处扣 6 分			
8	端面	$Ra = 3.2\ \mu\mathrm{m}$	8	不合格不得分			
安全文明生产				违章扣分			
日期：		学生姓名：		教师签字：		总分：	

【巩固提高】

已知毛坯直径为 $\phi50$ mm,加工如图 6-2-2 所示的零件。试分析加工工艺路线,编写程序,并操作数控车床完成零件的加工。

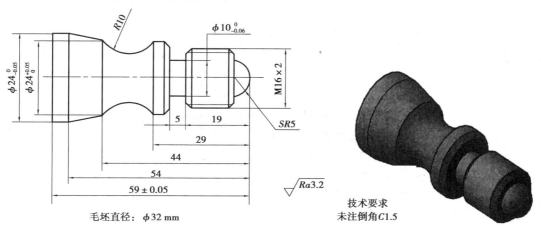

毛坯直径：$\phi32$ mm

技术要求
未注倒角$C1.5$

图 6-2-2　零件图与三维立体图

附　录

附录1　《数控车工》理论复习题

1.车削 M30×2 的双线螺纹时,F 功能字应代入(　　)mm 编程加工。

    A.2　　　　　　　　B.4　　　　　　　　C.6　　　　　　　　D.8

2.下面第(　　)项在加工中心的月检中必须检查。

    A.机床移动零件　　　　　　　　　　B.机床电流电压

    C.液压系统的压力　　　　　　　　　D.传动轴滚珠丝杠

3.增量式检测元件的数控机床开机后必须执行刀架回(　　)操作。

    A.机床零点　　　　B.程序零点　　　　C.工件零点　　　　D.机床参考点

4.一个工人在单位时间内生产出合格的产品的数量是(　　)。

    A.工序时间定额　　B.生产时间定额　　C.劳动生产率　　　D.辅助时间定额

5.不符合着装整洁、文明生产要求的是(　　)。

    A.按规定穿戴好防护用品　　　　　　B.工作中对服装不作要求

    C.遵守安全技术操作规程　　　　　　D.执行规章制度

6.(　　)常用于振动较大或质量为 10~15 t 的中小型机床的安装。

    A.斜垫铁　　　　　B.开口垫铁　　　　C.钩头垫铁　　　　D.等高铁

7.用于批量生产的胀力心轴可用(　　)材料制成。

    A.45 号钢　　　　　B.60 号钢　　　　　C.65Mn　　　　　　D.铸铁

8.因操作不当或电磁干扰引起的故障属于(　　)。

    A.机械故障　　　　B.强电故障　　　　C.硬件故障　　　　D.软件故障

9.在每一工序中确定加工表面的尺寸和位置所依据的基准,称为(　　)。

    A.设计基准　　　　B.工序基准　　　　C.定位基准　　　　D.测量基准

10.錾削时,应自然地将錾子握正、握稳,其倾斜角始终保持在(　　)左右。

    A.15°　　　　　　　B.20°　　　　　　　C.35°　　　　　　　D.60°

11.剖视图可分为全剖、局部和(　　)。

A.旋转　　　　　　　B.阶梯　　　　　　　C.斜剖　　　　　　　D.半剖

12.左视图反映物体的( )的相对位置关系。

A.上下和左右　　　　　　　　　　　B.前后和左右

C.前后和上下　　　　　　　　　　　D.左右和上下

13.下列关于道德规范的说法中,正确的是( )。

A.道德规范是没有共同标准的行为规范

B.道德规范只是一种理想规范

C.道德规范是做人的准则

D.道德规范缺乏约束力

14.孔的基本偏差的字母代表含义为( )。

A.从 A 到 H 为上偏差,其余为下偏差　　B.从 A 到 H 为下偏差,其余为上偏差

C.全部为上偏差　　　　　　　　　　　　D.全部为下偏差

15.当自动运行处于进给保持状态时,重新按下控制面板上的( )启动按钮,则继续执行后续的程序段。

A.循环　　　　　　　B.电源　　　　　　　C.伺服　　　　　　　D.机床

16.安全管理可以保证操作者在工作时的安全或提供便于工作的( )。

A.生产场地　　　　　B.生产工具　　　　　C.生产空间　　　　　D.生产路径

17.在质量检验中,要坚持"三检"制度,即( )。

A.自检、互检、专职检　　　　　　　B.首检、中间检、尾检

C.自检、巡回检、专职检　　　　　　D.首检、巡回检、尾检

18.数控系统自诊断主要有开机自检、( )、离线诊断三种方式。

A.报警信息　　　　　B.在线诊断　　　　　C.参数诊断　　　　　D.功能程序诊断

19.主程序结束,程序返回至开始状态,其指令为( )。

A.M00　　　　　　　B.M02　　　　　　　C.M05　　　　　　　D.M30

20.数控车床两侧交替切削法可加工( )。

A.外圆柱螺纹　　　　　　　　B.外圆柱锥螺纹　　　　　C.内圆柱螺纹

D.内圆柱锥螺纹　　　　　　　E.圆弧面上的螺纹

21.在数控机床的操作面板上,"HANDLE"表示( )。

A.手动进给　　　　　B.主轴　　　　　　　C.回零点　　　　　　D.手轮进给

22.数控车床液动卡盘夹紧力的大小靠( )调整。

A.变量泵　　　　　　B.溢流阀　　　　　　C.换向阀　　　　　　D.减压阀

23.典型零件数控车削加工工艺包括( )。

A.确定零件的定位基准和装夹方式　　B.典型零件有关注意事项

C.伺服系统运用　　　　　　　　　　D.典型零件有关说明

24.违反安全操作规程的是( )。

A.自己制订生产工艺　　　　　　　　B.贯彻安全生产规章制度

C.加强法制观念　　　　　　　　　　D.执行国家安全生产的法令、规定

25.在程序自动运行中,按下控制面板上的(　　)按钮,自动运行暂停。

    A.进给保持　　　　　　B.电源　　　　　　C.伺服　　　　　　D.循环

26.道德和法律是(　　)。

    A.互不相干　　　　　　　　　　　　B.相辅相成、相互促进

    C.相对矛盾和冲突　　　　　　　　　D.法律涵盖了道德

27.安装螺纹车刀时,刀尖应(　　)工件中心。

    A.低于　　　　　　　　　　　　　　B.等于

    C.高于　　　　　　　　　　　　　　D.低于、等于、高于都可以

28.操作系统中采用缓冲技术的目的是为了增强系统(　　)的能力。

    A.串行操作　　　　　　B.控制操作　　　　　　C.重执操作　　　　　　D.并行操作

29.(　　)的结构特点是直径大、长度短。

    A.轴类零件　　　　　　B.箱体零件　　　　　　C.薄壁零件　　　　　　D.盘类零件

30.在相同切削速度下,钻头直径越小,转速应(　　)。

    A.越高　　　　　　　　B.不变　　　　　　　　C.越低　　　　　　　　D.相等

31.关于企业文化,你认为正确的是(　　)。

    A.企业文化是企业管理的重要因素

    B.企业文化是企业的外在表现

    C.企业文化产生于改革开放过程中的中国

    D.企业文化建设的核心内容是文娱和体育活动

32.G98/G99 指令为(　　)指令。

    A.模态　　　　　　　　　　　　　　B.非模态

    C.主轴　　　　　　　　　　　　　　D.指定编程方式的指令

33.在 M20-6H/6g 中,6H 表示内螺纹公差代号,6g 表示(　　)公差带代号。

    A.大径　　　　　　　　B.小径　　　　　　　　C.中径　　　　　　　　D.外螺纹

34.辅助指令 M01 指令表示(　　)。

    A.选择停止　　　　　　B.程序暂停　　　　　　C.程序结束　　　　　　D.主程序结束

35.根据切屑的粗细及材质情况,及时清除(　　)中的切屑,以防止冷却液回路。

    A.开关和喷嘴　　　　　　　　　　　B.冷凝器及热交换器

    C.注油口和吸入阀　　　　　　　　　D.一级(或二级)过滤网及过滤罩

36.凡是绘制了视图、编制了(　　)的图纸,称为图样。

    A.标题栏　　　　　　　B.技术要求　　　　　　C.尺寸　　　　　　　　D.图号

37.俯视图反映物体的(　　)的相对位置关系。

    A.上下和左右　　　　　　　　　　　B.前后和左右

    C.前后和上下　　　　　　　　　　　D.左右和上下

38.FANUC 数控车系统中,G76 是(　　)指令。

    A.螺纹切削多次循环　　　　　　　　B.端面循环

    C.钻孔循环　　　　　　　　　　　　D.外形复合循环

39.安全文化的核心是树立( )的价值观念,真正做到"安全第一,预防为主"。

    A.以产品质量为主   B.以经济效益为主

    C.以人为本   D.以管理为主

40.Auto CAD 倒圆角的快捷键是( )。

    A.C   B.D   C.E   D.F

41.当数控机床的手动脉冲发生器的选择开关位置在×100 时,通常情况下手轮的进给单位是( )mm/格。

    A.0.1   B.0.001   C.0.01   D.1

42.M24 粗牙螺纹的螺距是( )mm。

    A.1   B.2   C.3   D.4

43.用于传动的轴类零件,可使用( )为毛坯材料,以提高其机械性能。

    A.铸件   B.锻件   C.管件   D.板料

44.框式水平仪的主水准泡上表面是( )的。

    A.水平   B.凹圆弧形   C.凸圆弧形   D.直线形

45.新机床就位需要做( )h 连续运转才认为可行。

    A.1~2   B.8~16   C.96   D.36

46.以下 4 种车刀的主偏角数值中,主偏角为( )时,它的刀尖强度和散热性最佳。

    A.45°   B.75°   C.90°   D.95°

47.显示相对坐标的对应软键为( )。

    A.ABS   B.All   C.REL   D.HNDL

48.测量精度为 0.02 mm 的游标卡尺,当两测量爪并拢时,尺身上 49 mm 对正游标上的( )格。

    A.20   B.40   C.50   D.49

49.数控机床( )时,模式选择开关应放在 MDI。

    A.快速进给   B.手动数据输入   C.回零   D.手动进给

50.公称直径为 12 mm,螺距为 1 mm,单线,中径公差代号为 6g,顶径公差代号为 6g,旋合长度为 L,左旋,则螺纹的标记为( )。

    A.M12×1-6 6g-LH   B.M12×1 LH-6g 6g-L

    C.M12×1-6g 6g-L 左   D.M12×1 左-6g 6g-L

51.可转位车刀刀片尺寸大小的选择取决于( )。

    A.背吃刀量 a_p 和主偏角   B.进给量和前角

    C.切削速度和主偏角   D.背吃刀量和前角

52.机夹可转位车刀,刀片转位更换迅速,夹紧可靠,排屑方便,定位精确。综合考虑,采用( )形式的夹紧机构较为合理。

    A.螺钉上压式   B.杠杆式   C.偏心销式   D.楔销式

53.主、副切削刃相交的一点是( )。

    A.顶点   B.刀头中心   C.刀尖   D.工作点

54.操作面板的功能键中,用于程序编制显示的键是(   )。

    A.POS   B.PROG   C.ALARM   D.PAGE

55.数控系统 CRT/MDI 操作面板上,页面转换键是(   )。

    A.REST   B.CURSOR   C.EOB   D.PAGE

56.在(   )上装有活动量爪,并装有游标和紧固螺钉的测量工具,称为游标卡尺。

    A.尺框   B.尺身   C.尺头   D.微动装置

57.生产的安全管理活动包括(   )。

    A.警示教育   B.安全教育   C.文明教育

    D.环保教育   E.上下班的交通安全教育

58.金属抵抗局部变形的能力是钢的(   )。

    A.强度和塑性   B.韧性   C.硬度   D.疲劳强度

59.取消键"CAN"的用途是消除输入(   )器中的文字或符号。

    A.缓冲   B.寄存   C.运算   D.处理

60.中央精神文明建设指导委员会决定,将(   )定为"公民道德宣传日"。

    A.9 月 10 日   B.9 月 20 日   C.10 月 10 日   D.10 月 20 日

61.普通碳素钢可用于(   )。

    A.弹簧钢   B.焊条用钢   C.钢筋   D.薄板钢

62.零件有上、下、左、右、前、后 6 个方位,在主视图上能反映零件的(   )方位。

    A.上下和左右   B.前后和左右   C.前后和上下   D.左右和上下

63.主切削刃在基面上的投影与假定工作平面之间的夹角是(   )。

    A.主偏角   B.前角   C.后角   D.楔角

64.用 90°外圆刀从尾座朝卡盘方向走刀车削外圆时,刀具半径补偿存储器中刀尖方位号须输入(   )值。

    A.1   B.2   C.3   D.4

65.数控机床开机工作前,首先必须(   ),以建立机床坐标系。

    A.拖表   B.回机床参考点   C.装刀   D.输入加工程序

66.视图包括基本视图、向视图、(   )等。

    A.剖视图、斜视图   B.剖视图、局部视图

    C.剖面图、局部视图   D.局部视图、斜视图

67.在螺纹加工时,应考虑升速段和降速段造成的(   )误差。

    A.长度   B.直径   C.牙形角   D.螺距

68.铰孔时,如果铰刀尺寸大于要求,铰出的孔会出现(   )。

    A.尺寸误差   B.形状误差   C.粗糙度超差   D.位置超差

69.《公民道德建设实施纲要》提出,要充分发挥社会主义市场经济机制的积极作用,人们必须增强(   )。

    A.个人意识、协作意识、效率意识、物质利益观念、改革开放意识

    B.个人意识、竞争意识、公平意识、民主法制意识、开拓创新精神

C.自立意识、竞争意识、效率意识、民主法制意识、开拓创新精神

  D.自立意识、协作意识、公平意识、物质利益观念、改革开放意识

70.为了防止刃口磨钝以及切屑嵌入刀具后面与孔壁间,将孔壁拉伤,铰刀必须（　　）。

  A.慢慢铰削   B.迅速铰削   C.正转   D.反转

71.由主切削刃直接切成的表面,称为（　　）。

  A.切削平面   B.切削表面   C.已加工面   D.待加工面

72.职业道德与人的事业的关系是（　　）。

  A.有职业道德的人一定能够获得事业成功

  B.没有职业道德的人不会获得成功

  C.事业成功的人往往具有较高的职业道德

  D.缺乏职业道德的人往往更容易获得成功

73.加工齿轮这样的盘类零件,在精车时应按照（　　）的加工原则安排加工顺序。

  A.先外后内   B.先内后外   C.基准后行   D.先精后粗

74.牌号为 Q235-A.F 中的 A 表示（　　）。

  A.高级优质钢   B.优质钢   C.质量等级   D.工具钢

75.$\phi35F8$ 与 $\phi20H9$ 两个公差等级中,（　　）的精确程度高。

  A.$\phi35F8$ B.$\phi20H9$ C.相同   D.无法确定

76.刀具的选择主要取决于工件的外形结构,工件的材料加工性能,以及（　　）等因素。

  A.加工设备   B.加工余量

  C.尺寸精度   D.表面的粗糙度要求

77.企业文化的整合功能指的是它在（　　）方面的作用。

  A.批评与处罚   B.凝聚人心   C.增强竞争意识   D.自律

78.将状态开关置于"MDI"位置时,表示（　　）数据输入状态。

  A.机动   B.手动   C.自动   D.联动

79.轴上的花键槽一般都放在外圆的半精车（　　）进行。

  A.以前   B.以后   C.同时   D.前或后

80.普通车床加工中,光杆的作用是（　　）。

  A.加工三角螺纹   B.加工梯形螺纹

  C.加工外圆、端面   D.加工蜗杆

81.市场经济条件下,不符合爱岗敬业要求的是（　　）的观念。

  A.树立职业理想   B.强化职业责任

  C.干一行爱一行   D.以个人收入高低决定工作质量

82.数控车加工盘类零件时,采用（　　）指令加工可提高表面精度。

  A.G96   B.G97   C.G98   D.G99

83.螺纹加工时采用（　　）,因两侧刀刃同时切削,切削力较大。

A.直进法 B.斜进法

C.左右借刀法 D.直进法、斜进法、左右借刀法均不是

84.碳的质量分数小于( )%的铁碳合金,称为碳素钢。

A.1.4 B.2.11 C.0.6 D.0.25

85.下列说法中,不符合语言规范要求的是( )。

A.语感自然 B.用尊称,不用忌语

C.语速适中,不快不慢 D.态度冷淡

86.建立工件坐标系时,在 G54 栏中输入 X,Z 的值是( )。

A.刀具对刀点到工件原点的距离

B.刀具对刀点在机床坐标系的坐标值

C.工件原点相对机床原点的偏移量

D.刀具对刀点与机床参考点之间的距离

87.在切断时,背吃力量 a_p( )刀头宽度。

A.大于 B.等于 C.小于 D.小于等于

88.在基面中测量的角度是( )。

A.前角 B.刃倾角 C.刀尖角 D.楔角

89.数控机床的使用记录应( )进行认真记录。

A.发生故障后 B.每周 C.每天 D.每班

90.( )的说法属于禁语。

A."问别人去" B."请稍候" C."抱歉" D."同志"

91.职业道德活动中,对客人做到( )是符合语言规范的具体要求的。

A.言语细致,反复介绍 B.语速要快,不浪费客人时间

C.用尊称,不用忌语 D.语气严肃,维护自尊

92.为了防止换刀时刀具与工件发生干涉,因此,换刀点的位置应设在( )。

A.机床原点 B.工件外部 C.工件原点 D.对刀点

93.提高职业道德修养的方法有学习职业道德知识、提高文化素养、提高精神境界和
( )等。

A.加强舆论监督 B.增强强制性 C.增强自律性 D.完善企业制度

94.将零件中某局部结构向不平行于任何基本投影面的投影面投影,所得视图称为
( )。

A.剖视图 B.俯视图 C.局部视图 D.斜视图

95.已知任意直线上两点坐标,可列( )方程。

A.点斜式 B.斜截式 C.两点式 D.截距式

96.车削圆锥体时,刀尖( )工件回转轴线,加工后锥体表面母线将呈曲线。

A.高于 B.低于 C.等高 D.高或低于

97.若零件上多个表面均不需加工,则应选择其中与加工表面间相互位置精度要求
( )的作为粗基准。

A.最低　　　　　B.最高　　　　　C.符合公差范围　　　D.任意

98.(　　)是职业道德修养的前提。

A.学习先进人物的优秀品质　　　　B.确立正确的人生观

C.培养自己良好的行为习惯　　　　D.增强自律性

99.游标有 50 格刻线,与主尺 49 格刻线宽度相同,则此卡尺的最小读数是(　　)。

A.0.1 mm　　　　B.2 cm　　　　　C.0.02 mm　　　　　D.0.4 mm

100.在数控车刀中,从经济性、多样性、工艺性、适应性综合效果来看,目前采用最广
泛的刀具材料是(　　)类。

A.硬质合金　　　B.陶瓷　　　　　C.金刚石　　　　　D.高速钢

附录 2　数控车床实训图集

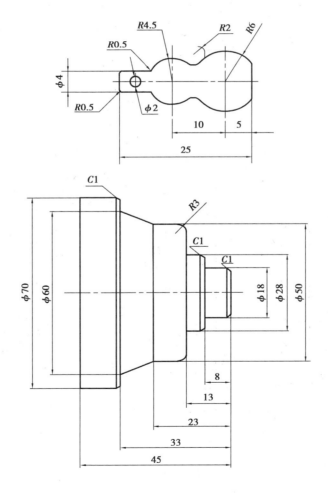

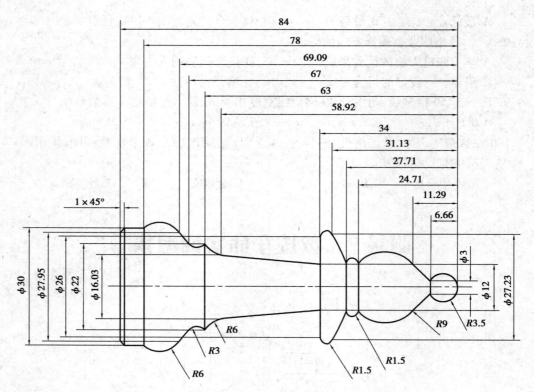

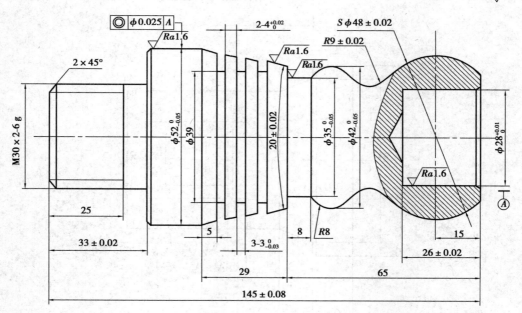

其余 $\sqrt{Ra3.2}$

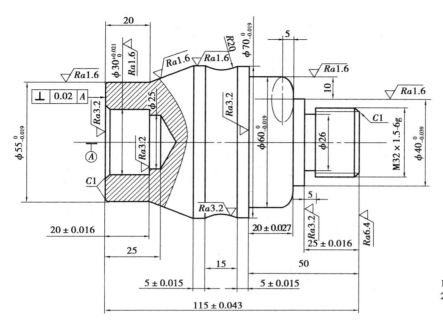

技术要求
1.锐角倒钝C0.3
2.配合面配作

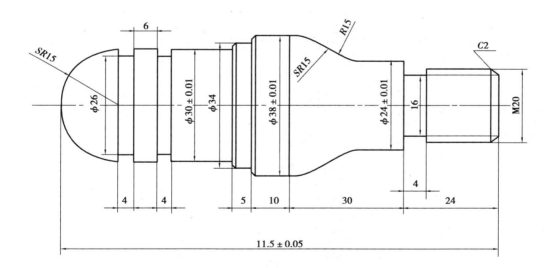

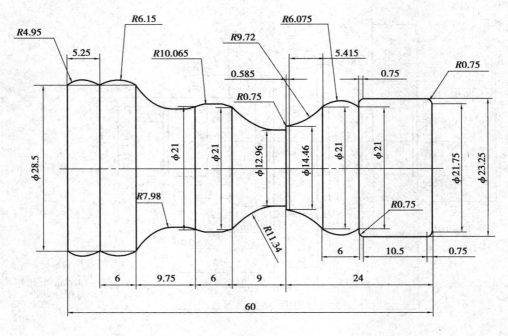

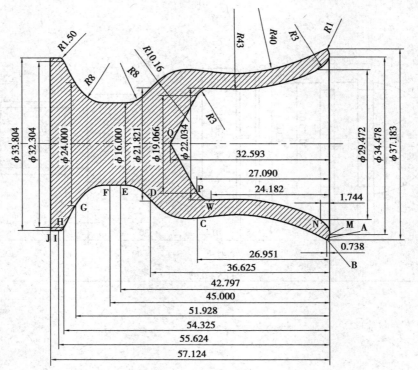

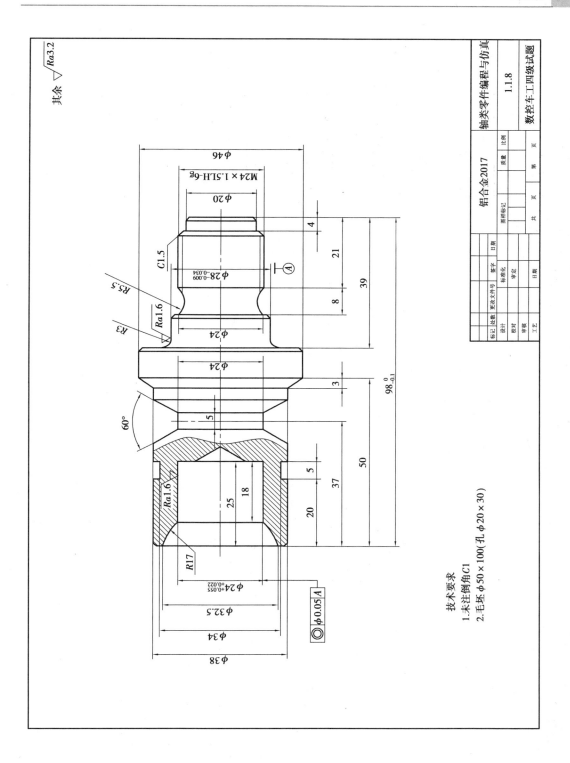

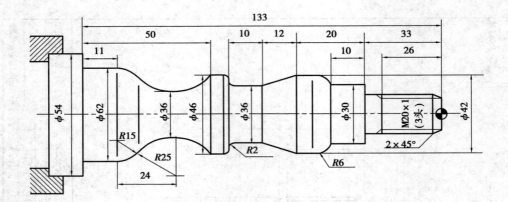